제43회 소방안전봉사상 대상을 아내와 함께 받다. 화재진압요원으로서 300여 건의 현장에서 인명과 재산피해를 경감한 것 특히 소방공무원 최초로 상담심리학 석사학위를 취득해, 동료 심리상담을 하고 외상 후 스트레스 장애(PTSD)를 연구해 소방공무원 심리치료에 기여한 공을 인정받았나.

소방관의 처우개선과 화상환자의 사회적 인식개선을 위한 연극 '주먹쥐고 치삼'의 제작발표회에 게스트로 참여한 모습. 소방관은 아주 평범한 사람이지만 재난이 발생하면 강하고 용감한 사람이 되는 힘을 가졌고, 하늘이 준 사명으로 일하는 고귀한 직업이라고 발언했다.

연극 '주먹쥐고 치삼'의 한 장면. 이 연극은 소방관 아버지와 화상을 입은 아들 치삼의 감동적인 실화를 바탕으로 제작됐다. 갑작스러운 화재로 전신화상을 입은 주인공 치삼이 다시 뮤지컬 배우라는 꿈을 꾸기까지의 과정을 그렸다. 자신의 생명을 바쳐 한 생명을 살리고자 하는 소방관의 모습을 연극을 통해 보여주었다.

연극 '주먹쥐고 치삼'의 배우 및 스태프들과 함께 연극의 성공을 기원하며 찍은 사진. 이 공연 수익금 중 일부가 소방관 처우개선과 소아화상환자 치료비 등으로 기부되었다고 한다.

구리시 코스모스축제에 마련된 심폐소생술 체험장에서 열심히 심폐소생술을 배우는 시민들. 심폐소생술을 가르쳐주는 소방관의 말 한마디 한마디에 집중하고 시연하는 행동 하나도 놓치지 않고 따라하는 시민들의 모습이 인상적이다.

화학사고 대비 긴급구조종합훈련을 하는 장면. 지진이나 재해로 화학사고가 발생하면 소방관들이 신속하게 화학사고 현장에 출동한다. 화학보호복을 입은 소방관들의 얼굴이 훈련이지만 실전과 같이 진지하다.

고층건물 화재 대비 인명구조훈련을 하는 모습. 화재가 발생해 옥상으로 대피한 시민을 고가차(사다리를 갖춘 소방차)를 이용해 구조하는 훈련이다. 화재가 발생하면 급격히 연소하기 때문에 옥상이나 지상층으로 대피해야 함을 잊지 말자.

실제 출동한 화재현장의 사진. 베테랑 소방관은 한순간에 만들어지지 않는다. 수백 번의 출동과 화재 진압을 통해 정금같이 태어난다. 그렇게 다시 태어난 소방관은 불을 무서워하지 않는다. 왜냐하면 진정한 '소방관'이기 때문이다.

아침교대 때 방화복을 입고 공기호흡기를 착용해보며 장비를 점검하는 장면. 소방관은 매일 아침 근무교대를 하면서 소방장비를 꼼꼼히 점검한다. 이렇게 언제라도 출동할 수 있는 상태를 만들어놓아야 현장에서 소중한 생명을 살릴 수 있다.

골든타임
1초의 기적

골든타임
1초의 기적

박승균 지음

U 중앙생활사

대한민국 헌법 34조에 "국가는 재해를 예방하고 그 위험으로부터 국민을 보호하기 위하여 노력하여야 한다"라는 조문이 있다. 정부는 언제 어디서나 국민의 생명을 지켜야 한다는 사실을 의무로 규정해 놓은 것이다. 헌법 조항을 성실히 수행하기 위해 소방청이 관리하는 '재난 및 안전관리 기본법'이 만들어졌다. 이 법의 '제66조의3'에서는 '국민안전의 날'을 매년 4월 16일로 지정해 놓았다.

2014년 4월 16일은 우리 국민들의 마음을 가장 아프게 했던 날이다. 이 시대를 살았던 모든 국민은 영원히 잊지 못할 날이 될 것이다. 바로 이 날짜를 '국민안전의 날'로 지정했다. 세월호 침몰 안전사고로 희생된 어린 고등학생들이 우리들에게 '국민안전의 날'을 만들어 준 것이다. 우리는 지금도 '지켜주지 못해 미안하다!'라는 의미를 지닌 노란색 리본과 대형 현수막을 곳곳에 달며 그날의 슬픔과 의미를 되새기고 있다.

안전학과 교수로서 각종 안전교육과 민방위교육을 다니던 나에게도 세월호 사고 이후 큰 변화가 있었다. 소규모 구성원으로 이루어진 회사나 여성단체들이 주최하는 세미나, 토론회를 전에 없이 분주히 다닌 것이다. 그처럼 극성이던 안전교육 열풍도 이제는 조금 느슨해진 것 같다. 시간이 지나면 어떤 어려운 일도 잊힌다는 선배들의 명언이 입증되고 있는 것 같아 아쉽다.

이처럼 우리들의 안전의식이 조금씩 무디어지는 이 시기에 자신의 안전을 스스로 지키는 데 도움을 주는《골든타임 1초의 기적》이라는 책 한 권이 눈에 띈다. 현직 소방관이 체험한 재난 재해 현장에서의 생생한 이야기가 가슴에 확 와 닿는다. 아이를 기르는 엄마들이 알아야 할 상식적인 안전 예방수칙과 안전사고 현장에서 자신의 몸을 지키기 위해 필요한 행동규칙을 상세하게 설명하고 있다. 어린이에서부터 어른까지 누구나 읽어도 손색없을 정도로 쉽지만, 위급한 상황에서 자신과 가족을 안전하게 지키는 방법을 알려주고 있어 그 내용은 절대 가벼이 여길 수 없다. 앞으로 이 책이 우리들의 훌륭한 안전지킴이 역할을 톡톡히 할 것으로 보인다.

재난은 항상 발생할 수 있다. 이러한 재난은 발생 전에 반드시 징조를 보인다. 특히 자연재난의 경우 더욱 뚜렷한 사전예고를 하는 특징이 있다. 우리가 이 사전예고를 알아채지 못하면 큰 인명피해나 재산피해를 입게 된다. 알고 대비하면 그만큼 피해를 줄일 수 있는 것 또한 재난이다. 그래서 교육과 훈련만이 재난의 바람직한 예방이라 강조한다.

2004년 12월 동남아에서 발생한 지진해일 때 태국 푸껫의 한 해변에서 100여 명의 목숨을 살린 영국 소녀 릴리 스미스(Rilly Smith) 양의 재치는·영국의 재난안전 교육의 효과인 것으로 알려졌다. 당시 11세이던 스미스 양은 가족과 함께 여행 중에 쓰나미를 만났고, 바닷가에서 놀던 스미스 양은 갑자기 파도가 소용돌이치고 물속에서 거품이 이는 것을 느꼈다. 스미스 양은 마치 썰물처럼 빠져나가는 파도의 흐름이 지진해일의 특징과 비슷하다는 것을 알아채고 부모에게 달려가 "높은 곳으로 모두 대피해야 한다"고 알렸다. 이에 모두가 긴급대피한 결과, 인명피해가 한 사람도 발생하지 않았던 훌륭한 재난대응 사례이다. 영국 초등학교에서 교육하고 있는 자연재해에 대한 내용을 기억하고 있는 어린 학생 한 명이 엄청난 인명피해를 막은 것이다.

선진국이 실시하고 있는 재난에 대한 대응교육과 예방훈련은 언론에 자주 소개되곤 한다. 우리나라 부모들이 자녀에게 이처럼 재난 대응교육과 예방훈련을 하고 싶은데, 재난에 대한 경험과 지식이 부족해 답답하다면 이 책이 확실한 매뉴얼이 될 것이다. 현직 소방관이 전하는 생생한 현장의 목소리《골든타임 1초의 기적》이라는 한 권의 안전지침서가 우리 가족과 사회의 안전을 지켜주는 값진 보석으로 태어났으니 그 빛을 기대해본다.

무섭고 힘든 재난현장에서 땀범벅이 된 방화복과 전투화보다 무거운 방수화를 신고 자신보다 남을 위해 땀을 흘리는 박승균 소방관의 모습을 떠올리며, 이 책이 여러 독자들의 생활안전을 지켜주는 수호신이 되길 기대한다.

최규출
(공학박사, 동원대학교 소방안전관리과 교수,
전 전국대학소방학과 교수협의회 회장, 전 소방청 규제심사위원장)

119 도착 전 당신은 무엇을 할 수 있는가?

안전은 아무리 강조해도 지나치지 않다. 하지만 평소 우리는 안전에 대해 너무나 무관심하다. '설마 내게도 그런 일이 일어나겠어?' 하는 마음으로 또는 그런 생각을 하는 것 자체가 부정탄다는 마음으로 살아간다. 이러한 안전 무관심이 큰 재앙을 가져온다는 사실을 잊는다. 일상 속에서 재난이 일어나는 시그널을 무시한 채 살아가는 우리들에게 재난은 언제 어디서 갑자기 쳐들어와 우리의 평온을 깨뜨리고 우리를 절망의 나락으로 떨어뜨릴지 모른다.

'양치기 소년과 늑대' 이야기를 잘 알고 있을 것이다. 양치기 소년은 심심풀이로 늑대가 나타났다고 거짓말을 했고, 그 말에 마을 사람들이 급히 달려왔지만 늑대는 어디에도 없었다. 소년은 그 모습이 재미나 늑대가 나타났다는 거짓말을 몇 번 더 했다. 마을 사람들은 역시 속았다. 그러던 어느 날 진짜 늑대가 나타났다. 소년은 "늑대가 나타났어요!"라고 목청껏 외쳤지만, 마을 사람들은 이번에도 소년의 말이 거짓말이라 생각하고 달려가지 않았다. 결국 마을의 양들을 모두 잃고 말았다.

'늑대'라는 재난에 마을 사람들은 피해를 입은 것이다. '소년의 거짓말'을 우리 일상에서 수시로 잘못 울리는 화재경보로 보고 '늑대'를 화재로 생각해보면 어떨까? 우리에게 안전사고가 발생하지 않을 수도 있다. 하지만 방심하는 순간 우리에게 돌이킬 수 없는 피해를 준다.

2016년 9월 12일 경상북도 경주시 남남서쪽 8km에서 발생한 규모 5.8의 지진은 1978년 한반도 지진 관측 후 발생한 역대 최대 규모의 지진이다. 이로 인해 지붕·담장·차량 파손과 건물 균열, 수도배관 파열 등이 발생했다. 부상자가 23명, 재산상 피해는

5,120건이었다. 순간 최대풍속이 태풍 매미 이후 역대 두 번째로 강한 태풍 18호 '차바'는 2016년 10월 4일과 5일 양일간 제주도, 부산, 울진을 관통해 지나갔다. 이로 인해 10명의 인명피해가 났고 90가구 198명의 이재민이 발생했다.

이러한 자연재난도 있지만 일상생활에서 일어나는 안전사고도 있다. 집에서 아이가 화상을 입거나, 예기치 않은 교통사고가 나기도 하고, 산행 중 뱀에 물리기도 한다. 안전사고는 언제 어디서 어떻게 발생할지 모른다.

때문에 안전사고 예방 교육이 필요하다. 물론 안전사고가 발생하면 119에 신고하면 된다. 그러나 소방차가 최대한 빨리 도착해도 5분 이상이 소요된다. 소방서가 안전사고가 발생한 곳 바로 옆에 있다면 금방 도착하겠지만 그렇지 않은 경우에는 5분이 훌쩍 넘어간다. 그렇다면 소방관이 도착할 때까지 우리는 무엇을 해야 할까? 소방관이 오기만을 발 동동 구르며 기다릴 것인가? 급박한 사고현장에서 신고만 하고 보고 있기에는 일분일초가 아깝다. 그런 상황에서 아무것도 할 줄 모른다면 자신이 한심스럽기조차 할 것이다.

골든타임(golden time)은 사건사고가 발생했을 때 인명을 구조하기 위한 초반 금쪽같은 시간을 지칭한다. 이 책에서는 조금 더 짧은 시간 즉, 119가 도착하기 전까지 기다리는 시간, 바로 이때를 골든타임이라고 부를 것이다.

　우리는 응급처치를 소방관이나 특별히 교육받은 사람만이 할 수 있다고 생각한다. 그러나 절대 그렇지 않다. 조금만 관심을 갖고 배워둔다면 어린아이부터 노인까지 누구나 할 수 있다. 재난과 사건사고의 한 가운데, 즉 골든타임에 있을 때 어떻게 해야 할까? 그때 응급처치는 어떻게 해야 할까? 화재로 화상을 입었을 때, 휴가철 해변에서 갑작스러운 쓰나미를 만났을 때, 지진이 났을 때 등 우리는 생활 속 각종 재난으로부터 벗어나는 방법을 알아야 한다.

　일상에 도사리고 있는 크고 작은 안전사고에 대비하는 응급처치를 알아두면 위험으로부터 나와 가족을 안전한 공간으로 인도할 수 있다. 나는 소방관으로서 수많은 안전사고 현장에 출동했던 경험을 살려 재난, 재해 및 안전사고가 발생했을 때 대처하는 방법을 이 책에 담았다. 이 책을 통해 소방관이 도착하기 전 골든타임 속에서 당황하지 않고 응급처치 가이드에 따라 행동하는 법을 배우고, 그로 인해 나의 생명과 나의 가족의 생명을 살릴 수 있다면 더 바랄 것이 없겠다.

이 책《골든타임 1초의 기적》은 내 가족과 내 직장의 안전을 모든 사람이 스스로 지킬 수 있었으면 하는 바람으로 썼다. 재난은 언제 어디서 어떻게 우리에게 악마 같은 얼굴을 드러내며 다가올지 모른다. 이 책이 가족의 안전과 직장의 안전을 지키는데 꼭 필요한 책이 되었으면 한다.

contents

2장

지진 시그널과 응급처치

지진이란

지진 응급처치

어린이 안전사고 응급처치

4장

계절별 재난과 응급처치

봄철 재난과 응급처치

여름철 재난과 응급처치

1장

생사를 가르는
골든타임
응급처치

골든타임은 생명을 살리는 시간

|

골든타임

사고나 사건에서 인명을 구조하기 위한 초반 금쪽같은 시간

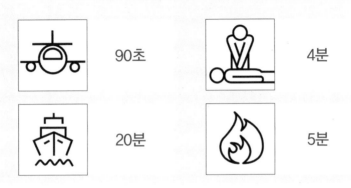

골든타임은 프라임타임(prime time)이라고도 부른다. 프라임(prime)의 사전적 의미는 가장 중요하다는 뜻이다. 따라서 방송가에서 쓰일 때 프라임타임(prime time)은 시청률이나 청취율이 가장 높아 광고비도 가장 비싼 방송 시간대를 가리킨다. 각각의 상황에서 드라이브타임(drive time)이나 골든아워(golden hour), 골든타임(golden time), 피크타임(peak time) 등으로도 불린다. 일상에서도 이러한 골든타임을 쉽게 발견할 수 있다.

- 상대방에게 호감을 얻는 골든타임은? 3초
- 서점에서 좋은 책이라는 느낌이 드는 골든타임은? 3초
- 생일축하의 골든타임은? 메시지는 생일날 아침 또는 자정 직전
- 선물할 때의 골든타임은? 모두가 기대하지 않은 때가 포인트
- 선물 등을 받았을 때 고마움의 표시하는 골든타임은? 일주일 안에 문자나 SNS 보내야 함
- 수면시간 골든타임은? 6~9시간

이렇듯 우리 일상에서 놓쳐서는 안 되는 골든타임을 쉽게 찾아볼 수 있다. 그러나 골든타임은 보통 사람의 생명을 살리는 상황에서 많이 쓰인다.

- 화재출동 골든타임은? 5분
- 심폐소생술로 사람을 살려내기 위한 골든타임은? 심장이 멎은 후 4분 이내
- 선박 침몰 시 탈출 골든타임은? 20분
- 비행기 사고 시 탈출 골든타임은? 90초
- 뇌졸중으로 쓰러졌을 때 골든타임은? 3시간
- 발목 골절 시 회복의 골든타임은? 부상 직후 1일 이내

지난 2014년 8월 2일 오전 9시 51분 경   ○○시 △△아파트에서

화재가 발생했다. 14층에 화재가 발생해서 위층으로 연기가 올라가고 있었다. 신속히 출동한 소방관들이 화재를 진압했다. 다행히 사망자가 없고 부상자만 1명(위층 주민 1명이 연기를 마셔 병원치료를 받음)이었다. 소방관들의 신속한 출동이 없었다면 화재는 바로 위층으로 번질 수도 있었다. 빠른 화재출동으로 현장은 더 이상의 피해를 막을 수 있었다. 바로 골든타임을 놓치지 않고 출동한 소방관들 덕분이었다. 이처럼 재난 발생 시 신속한 초기 대응이 인명과 재산 피해를 줄이는 데 가장 중요한 요소가 된다.

처음 5분이 중요하다

소방청은 2014년에 재난 대응 목표시간 관리인 '골든타임'을 도입했다. 화재 발생 5분이 경과하면 불이 급격히 확산되어 피해가 증가되고, 심장정지 환자는 4~5분 이내 적절한 응급처치가 시작되지 않은 경우 생존률이 감소하기 때문이다. 소방청은 화재 발생 시 5분 이내 현장 도착률이 2013년 58%에 불과한 것을 2017년 74%까지 끌어올리는 것을 목표로 추진하고 있다. 이를 위해서 소방청은 긴급차량 신호등 무정차 통과 시스템 개발, 의용소방대활동 강화, 소방차 길 터주기, 소방로 확보를 위한 불법 주정차 단속 등을 추진하고 있다.

실제로 출동하는 소방관의 입장에서 골든타임은 정말 중요하다.

생명을 구하느냐 마느냐가 골든타임에 달려있다고 해도 과언이 아니다. 바로 앞에 불이 나서 활활 타고 있지만 불법 주정차량으로 인해 진입하지 못하는 안타까운 일이 여러 번 있었다. 또한 위급환자가 발생하여 응급출동을 하고 있는데 차량이 막혀 출동이 지연되는 경우도 잦다. 이런 경우 어떻게 할 수 없어 마음만 더 바빠진다.

신고한 사람들의 마음은 1초가 1분 같다. 방금 119로 신고하고 1분도 채 되지 않아서 '왜 소방차가 오지 않냐'고 화를 내시는 분들도 많다. 이러한 출동 재촉전화를 받으면 정말 안타깝고 속상하다. 모든 소방관들이 긴급출동할 때에는 영화에 나오는 배트맨처럼 날개가 돋아나서 화재, 구조, 구급현장에 날아가는 상상도 해본다. 앞으로 우리 이웃에 대한 무관심으로 골든타임을 놓치게 되는 일은 없어지길 기도해본다.

궁금해요 **소방차 길 터주기 요령**

교차로
교차로를 피해 도로 오른쪽 가장자리에 일시정지

일방통행로
오른쪽 가장자리에 진로를 양보하거나 일시정지

편도1차로
오른쪽 가장자리에 진로를 양보하거나 일시정지

편도2차로
긴급차량은 1차로로 진행, 일반차량은 2차로로 양보

편도3차로 이상
긴급차량은 2차로로 진행, 일반차량은 1, 3차로로 양보

횡단보도
보행자는 횡단보도 진입자제

소방차 몇 대와 똑같은 소화기 한 대

인간은 공동체 생활을 한다. 인간은 원시시대 자신들보다 큰 동물로부터 살아남기 위해 공동체 생활을 하면서 생존했다. 그 공동체가 가족이라는 보금자리로 분화되어 왔다. 남녀가 만나 자식을 낳고 꾸린 행복한 가정은 누구에게나 소중한 존재이다. 나도 아내가 있고 딸이 있어 힘든 일이 있어도 퇴근 후 집에 가면 그 행복함을 누린다. 하지만 이러한 행복도 방심하면 한 순간에 무너질 수 있다. 그 행복을 지키는 방법이 있으니, 바로 일상생활에서 화재 예방을 위해 노력하는 것이다.

소방관으로 화재현장에 출동하면 가슴 아픈 일들을 많이 경험하게 된다. 참혹한 현장을 보면서 '조금만 조심하면 이런 불행이 발생하지 않았을 텐데'라는 안타까운 마음을 갖게 된다. 한순간의 방심으로 재가 되어 버린 행복 앞에 모골이 송연해진다.

소방관의 행복은 바로 국민의 생명과 재산을 안전하게 보호하는 것이다. 그러나 소방관이 국민 모두의 생명과 재산을 일일이 보호해 줄 수는 없다. 결국 국민 스스로 위하고 스스로 지켜야 한다. 이때 소화기, 소화전, 심폐소생술이 소중한 도구이다. 각 가정에 비치된 소화기, 아파트에 있는 소화전 그리고 생명을 살리는 심폐소생술 세 가지는 소방관에게 큰 도움을 주는 것을 넘어 행복을 가져다준다.

소화기는 주변에서 쉽게 볼 수 있는 것이지만 그 중요성을 잊고 사는 경우가 많다. 소화기는 화재가 발생하면 소방차가 오기 전에 가장 효과적으로 화재를 진압할 수 있는 장비이다. 우리나라에서 소화기는 1906년경 고종황제 말기에 처음 사용됐다. 현재 전주소방서에 1930년대에 제작된 '물소화기', 1938년에 제작된 '사염화탄소소화기', 1940년대에 제작된 '이산화탄소소화기'가 보존되어 있다. 1957년 국내 기술로 제작된 소화기가 판매되면서 본격적으로 보급 사용되었다.

우리가 조금만 노력을 하면 초기 화재는 이 소화기로 간단히 진압할 수 있다. 초기 화재에서 소화기를 효과적으로 사용해 화재를

소화기 및 소화전 사용법

소화기 사용법

1. 안전핀을 제거한다
2. 노즐을 불쪽으로 향하게 한다
3. 바람을 등진 상태에서 손잡이를 움켜쥐고 분말을 고루 쏜다

소화전 사용법

1. 소화전 문을 연다
2. 호스를 빼고 노즐을 잡는다
3. 밸브를 돌리고 노즐은 불을 향하게 해서 물을 쏜다

진압했을 때의 피해액과 불이 건물 전체로 번진 뒤 소방차가 출동해서 화재를 진압했을 때의 비용은 비교가 되지 않는다. 초기에 소화기 한 대의 효과는 최성기 화재를 진압하는 소방차 몇 대의 효과가 있다.

소화전은 고층 건물이나 아파트에 설치되어 있다. 소화전은 소화기로 끌 수 없을 정도의 불에 사용하면 효과적이다.

마지막 심폐소생술은 갑자기 심장이 멎고 숨을 쉬지 않는 사람을 살리는 고마운 응급처치법이다. 심폐소생술은 어렵지 않다. 조금만 관심을 갖고 배우면 누구라도 충분히 생명을 살릴 수 있다.

119 응급출동

소방관은 '모세의 기적'을 위해 기도한다

지난 2014년 8월 충남 무창포 해수욕장에 '모세의 기적'이라고 불리는 신비의 바닷길이 열려 많은 관광객들이 그 광경을 보면서 즐거워했다. 모세의 기적은 모세와 이스라엘 민족이 이집트를 탈출하여 약속의 땅으로 가던 중, 그들의 신 여호와가 홍해를 가른 사건을 말한다. 이스라엘 민족이 이집트에서 노예로 핍박받자 이스라엘 지도자 모세가 이스라엘 민족을 이끌고 이집트를 탈출하여 약속의 땅으로 떠났다. 이에 이집트 왕이 군사를 시켜 이들을 추격해오는 급박한 상황에 이스라엘 민족은 홍해를 만난다. 이때 모세는 하나님께 기도를 하고, 지팡이를 바다에 내미니 바다가 갈라져 무사히 이스라엘 민족이 홍해를 건너가게 된다는 이야기이다. 현대판 모세의 기적은 충남 안면도의 무창포와 전남 진도의 모도에서 볼 수 있다. 평소에는 바닷물에 잠긴 섬이었다가 썰물 때 바닷길이 열리는 자연현상으로, 매년 그곳에서는 축제가 열리고 많은 관광객들이 몰린다.

그런데 소방관들도 매일 같이 "신이시여, 모세의 기적을 보여주소서!"라고 기도한다. 이 모세의 기적이란 바로 '소방차 길 터주기'다. 소방관들은 바닷길이 열리는 모세의 기적처럼 119응급차량이 출동할 때 갓길로 차량들이 바닷물처럼 비켜주는 기적이 일어나기를 소망한다. 응급상황이 발생하면 빠르게 출동해서 신속하게 인명을 구조해야 한다. 일분일초가 정말 소중하다. 화재가 나서 5분 이전에 도착해 불을 끌 수 있다면 큰 피해를 막을 수 있기 때문이다. 하지만 평상 시 5분이면 갈 수 있는 거리도 출퇴근 길에 교통이 혼잡하면 15분 이상이 소요된다.

몇 해 전 SBS 〈심장이 뛴다〉라는 프로그램에서 모세의 기적 캠페인을 했다. 국민적인 호응이 폭발적으로 일어났다. 이후 소방서에서는 지속적인 홍보를 통해 국민의 생명을 살리는 운동을 계속하고 있다. 그후 페이스북이나 트위터 등 SNS에서 소방차가 출동할 때 좌우로 차량들이 비켜주는 동영상이 종종 보이기도 한다. 소방관 아내가 막힌 길에서 차량들을 대피 유도해서 응급환자를 병원으로 신속히 이송한 일도 있었다. 이제는 성숙한 시민들이 소방차 길 터주기 운동에 적극 참여하고 있어서 감사할 따름이다.

모세의 기적에 동참하는 방법은 아주 간단하다. 운전 중에 소방차가 뒤에서 쫓아오면 천천히 차를 좌우로 비켜주면 된다. 모세의 기적을 우리 같이 만들어 갔으면 한다. 소방차가 사이렌을 울릴 때 좌우로 비켜주는 조그마한 양보가 사람의 생명을 살리고 이웃의 재산을 보호할 수 있다.

재난 시그널과 응급처치
|

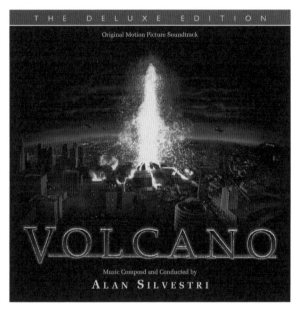

볼케이노(VOLCANO, 1997)

재난 시그널을 찾아라

1997년 상영된 재난 영화 〈볼케이노〉는 화산활동으로 인해 대도
시가 큰 재앙에 빠지는 것을 가상해 만든 것이다. 이러한 재난영화

는 스릴이 넘친다. 하지만 정작 현실이라면 너무나 끔찍한 일이 될 것이다. 이 영화를 보면서 관객들은 상상 속에서나 일어날 일이라고 생각할 것이다. 현재 일어나지 않았기 때문에 나와는 전혀 관련 없는 일이라고 생각하는 것이다.

그러나 조금만 관심을 가지고 주변을 살펴보면 수많은 크고 작은 재난이 내 옆에서 일어나는 것을 알 수 있다. 조간신문이나 지상파 뉴스에는 지난 밤 있었던 사건사고들이 보도된다. 밤새 안녕이라는 말이 무색할 정도로 많은 사건사고들이 일어난다. 화재가 나고 태풍의 영향으로 비가 와서 건물과 차량이 침수되고 지진으로 건물이 무너지기도 한다. 심지어 인명피해도 발생한다.

이렇게 우리가 예상하지 못하는 사이 일어난 뜻밖의 인명이나 재산의 피해를 재난이라고 한다. 이러한 재난은 크게 자연재난, 인적재난으로 구분한다. 요즘은 일상생활의 안전사고에서 일어나는 재난인 생활안전재난을 포함하기도 한다. 재난은 갑작스럽게 일어난다. 하지만 미리 대비한다면 100% 완벽하게 재난을 막을 수는 없어도 피해를 최소한으로 줄일 수 있다.

재난은 갑자기 발생한다고 생각할 수 있지만 사실은 미리 그 시그널을 감지할 수 있다. 이러한 시그널은 운동경기에서도 볼 수 있다. 축구경기에서 반칙하는 선수를 보았을 때 부심은 반칙했다는 사실을 수신호나 통신 장비 등을 통해 주심에게 알려주는 신호를 보낸다. 야구경기에서 타자가 투수의 공을 쳤으나 내야 플레이로 아웃되었을 때 1루심이 아웃 수신호를 한다. 바로 이러한 신호가 시그널이다. 이 신호는 목소리나 몸짓으로 표현하는 것이 일반적이다.

구름 한 점 없이 맑던 하늘이 갑자기 어두워지기 시작하고 먹구름이 끼면 반드시 소나기가 내린다. 먹구름이 몰려드는 것이 바로 소나기의 시그널이다.

지난 2010년에 칠레에서 규모 8.0의 강진이 발생했다. 이때 칠레 사람들은 지진이 난 지역 상공에서 특이한 모습의 무지개를 보았다고 한다. 이에 앞선 2008년 중국 쓰촨성 대지진 때에도 평소와 다른 무지개가 나타났다고 한다. 뿐만 아니라 조류, 양서류 등의 동물들이 무리를 지어 이동하거나 정상습관을 벗어난 이상행동을 하기도 했는데 이것 또한 지진의 시그널이라고 보고됐다.

우리나라 속담에도 태풍이나 해일에 관한 시그널을 알려주는 것이 있다. '까치가 낮은 곳에 집을 지으면 태풍이 온다', '해안에는 파도가 쳐도 먼 바다가 잔잔하면 태풍이 온다' 등이다. 우리나라 선조들이 삶에서 체득한 것이 속담으로 전해 내려오는 것이다. 실제 1896년 일본 동북부 지방에 커다란 해일이 있어 2만 6천여 명의 주민이 숨지고 가옥 5만여 채가 파괴되었는데 먼 바다에서 조업하던 사람들은 살았다. 바다 한 가운데에서는 파도 한 점 없이 맑은 날씨였다고 한다.

지진 시그널

- 갑자기 상공에 특이한 모습의 무지개가 뜬다.
- 굵은 띠 모양의 권운, 비늘 모양의 권적운, 회오리 같이 생긴 구름, 부채구름 등의 지진운(地震雲)이 보인다.
- 조류, 양서류 등의 동물들이 무리를 지어 이동한다.
- 개와 고양이 등 동물들이 이상한 행동을 한다.
- 산악지방이나 언덕 등에서 광범위한 산사태가 발생거나, 우물에서 모래와 진흙이 포함된 물이 분출되기도 한다.
- 암석의 전기전도율 변화, 미소지진 활동의 변화, 그 지역을 지나는 지진파의 속도변화가 생긴다.

태풍 시그널

- 해안에서 풍랑과 너울이 발생한다.
- 폭풍 때문에 해수가 해안에 밀려와 해면이 높아진다.
- 먹구름과 약간의 비바람이 분다.
- 황색노을이 세상을 밝히며 구름이 매우 불규칙하다.

이러한 자연재난뿐만 아니라 우리가 사는 집이나 건물의 붕괴 시그널도 있다. 1995년 삼풍백화점 붕괴사고가 발생했다. 이 사고로 무려 501명이 사망하고 937명의 부상자가 발생했다. 부실시공과 무리한 설계변경으로 인한 인재였다. 삼풍백화점 붕괴는 사고

2개월 전인 4월부터 전조증상이 있었고 5월에는 천장의 여러 곳에서 균열이 있었다. 5시간 전에는 5층에서 큰 파열음이 몇 차례 들린 뒤 백화점 건물에 균열이 일어났고 특히, 옥상은 10cm나 균열이 일어나 있었다. 그후 4층의 천장이 가라앉기 시작했다. 맨 처음 시그널이 나타났을 때 대피를 시켰다면 다수의 인명사고는 방지할 수 있었을 것이다.

건물 붕괴 시그널

- 기둥이 갈라지고 복도나 바닥이 진동하고 갈라지거나 지붕이 흔들린다.
- 벽체와 천장의 마감재가 떨어지거나 선반 위의 물건이 떨어진다.
- 주차장이나 건물 바닥에 균열이 생기고 점점 커진다.
- 하수관이 막히거나 역류하고 배관에서 물이 샌다.
- 건물 엘리베이터가 오작동으로 멈추고 주변 건물이 기운다.

재난으로 집에 갈 수 없을 때 행동요령

지진이나 풍수재해 등으로 집이 부서지거나 침수되어 생활을 할 수 없게 된 때에는 국가나 지방자치단체에서 마련해놓은 임시대피소로 대피한다. 임시대피소는 주로 학교나 공공시설이 해당된다. 평소 내가 사는 곳의 민방공대피소를 확인해두는 것이 좋다.

재난으로 가족과 헤어질 경우를 대비해 만날 곳을 미리 지정해 놓을 필요도 있다.

재난으로 피난갈 때 행동요령

- 집을 떠나 다른 지역으로 이동할 때에는 라디오 방송을 통해 정확한 정보를 습득하고 정확한 행동을 해야 한다. 유언비어에 현혹되면 안 된다.
- 라디오나 텔레비전 등의 기상정보에 계속해서 주의를 기울이며 이동해야 한다.
- 피난 시에는 머리보호를 위해 모자나 헬멧을 착용하고 편한 운동화를 신는다.
- 집에서 나올 때는 불을 확실히 끄고 가스 밸브를 잠근다.
- 혹시 모를 상황을 대비해 엘리베이터를 타지 말고 걸어서 지상으로 이동하며, 혼자 행동하지 말고 이웃이나 동료들과 같이 행동한다.
- 절대 흥분하지 말고 침착하게 행동한다.

궁금해요 출동시간을 줄이는 119신고 요령

1) 일반전화로 신고

119신고는 가급적 위치정보가 정확한 유선전화(집 · 사무실전화) 또는 공중전화로 하고 휴대전화로 신고할 때는 또박또박 주소를 말한다.

" ○ ○구 △△동 ××번지 주택 2층 ㅁㅁ네 집입니다."

" ○ ○구 △△동 ××아파트 101동 707호입니다."

주소를 모른다면 관공서, 학교, 병원, 은행 등 가까이 있는 큰 건물 이름을 말하면 더욱 좋다.

" ○ ○학교", "△△은행", "××병원 근처에 있어요."라고 말한다.

아니면 사고현장 주변 간판의 전화번호, 주변 전신주번호를 알려준다.

또한 신고현장의 현재 상황을 알고 있다면 아는 대로 말한다.

"검은 연기가 많이 나고 불꽃이 보여요."

"축구하다 넘어져 다리를 다쳤어요."

이렇게 신고하면 소방관들이 조금 더 신속하고 정확하게 화재 및 사고현장에 도착해 시민의 생명과 재산을 구할 수 있다.

2) 스마트폰 앱으로 신고

요즘은 스마트폰으로도 신고가 가능하다. 스마트폰으로 119에 전화를 하거나 구글 플레이스토어 앱 또는 아이폰 앱스토어에 접속하여 검색창에 '안전디딤돌'을 검색 후 설치한다. '안전디딤돌' 앱을 통해 위급한 상황 시 재난신고를 할 수 있다. 또한 이 앱으로는 재난뉴스, 기상정보, 재난문자를 수신할 수 있고, 비상 시 행동요령, 주변의 대피소, 병원, 약국 등의 정보를 확인할 수 있다.

행복한 대한민국을 여는 정부3.0
재난·위급한 상황에 대비해
꼭 필요한 스마트폰 앱 안전디딤돌!
지방자치단체
행정 안전부
119
산림청
112
국토교통부
안전디딤돌
Play스토어
앱스토어
11개 기관 15개 재난안전정보를 통합·연계하여 안전디딤돌 앱
하나만 설치하면 다양한 재난안전정보 서비스를 받으실 수 있습니다.
안전디딤돌 앱은 위급한 상황에 재난신고를 할 수 있으며, 재난뉴스, 기상정보, 재난문자를 서비스 받을 수 있습니다.
비상시 행동요령, 주변의 대피소, 병원, 약국 등 정보도 확인하실 수 있습니다.
Play스토어, 앱스토어에서 '안전디딤돌'로 검색하고 다운로드 받으세요.
행정안전부

화재 시그널과 응급처치

인간은 동물과 다른 영장류이다. 인간과 동물의 가장 큰 차이점은 불을 이용하는 것이다. 불을 사용하는 것은 인류 문명 발달에 중요한 요소이기도 하다. 불은 그리스 신화에서 프로메테우스로부터 받은 선물이다. 프로메테우스는 인간에게 불을 주지 말라는 제우스의 명령을 어기고 올림포스 산 헤파이스토스의 대장간에서 몰래 불을 훔쳐다가 인간에게 불을 가져다준다. 화가 난 제우스는 프로메테우스를 코카서스 바위에 사슬로 묶어 두고 낮에는 독수리에게 간을 쪼이고 밤에는 재생되는 영겁의 형벌을 받게 한다.

이렇게 신으로부터 받은 불을 인간은 이롭게 사용하기도 했지만 때로는 불로 인해 재앙을 얻기도 했다. 인류 역사상 가장 큰 화재로 런던 대화재가 있다. 런던 대화재는 1666년 9월 2일 새벽 2시 경, 빵 공장에서 일어난 불이 런던 시내 전체로 번진 화재를 말한다. 당시 화재는 초기 진화에 실패했다. 결국 5일간 87채의 교회, 1만 3천여 채의 집이 불탔다. 9명이 희생되었으며 당시 런던인구 8만 명 중 7만여 명이 집을 잃고 노숙자가 되었다. 또한 이 화재로 세인트폴 대성당이 불에 타버렸다.

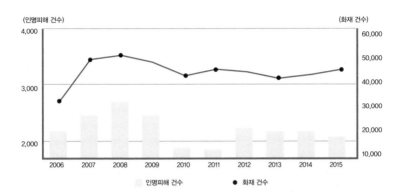

화재 건수 및 인명피해 현황

출처: 소방청 「화재통계연감」

(인명피해 건수) (화재 건수)

인명피해 건수　● 화재 건수

화재 시그널을 찾아라

한 해 얼마나 많은 화재가 발생하고 있을까? 소방청의 최근 10년
간 화재 현황을 보면 매년 4만 건 이상의 화재가 발생했고 매년 2
천 명 이상의 인명피해가 발생했다.

 소방관으로 일하면서 119긴급전화를 받는 부서에서 근무한 적
있다. 이곳에서는 24시간 긴급 재난신고 전화를 받는다. 때문에 이
곳에서 근무하는 소방관들은 항상 긴장의 연속이다. 언제 어디서
어떤 재난신고가 올지 모르기 때문이다. 119신고전화가 걸려오면
그 순간 나는 내 몸의 모든 신경을 전화 수화기 너머 신고자의 목
소리에 집중한다.

 "여보세요! 119죠, 여기 불이 났어요! 여기예요, 여기로 빨리 오

세요!" 수화기 너머 다급한 목소리가 들려왔다.

"네, 조금만 진정하시고 여기라고 말씀하시는 곳의 주소를 말해 주세요!"

"○○동 △△아파트 ××동 □□호인데요, 빨리 오세요!"

불이 나면 한 번도 경험하지 못했던 일이기에 순간 당황하게 된다. 그래서 "여기요, 여기 불이 났어요!"라는 말만 반복한다. 신고하는 사람은 급해서 여기라고 말했지만 119신고전화를 받는 소방관들은 여기라는 곳이 어떤 곳인지 정확히 다시 물어보아야 한다. 그리고 불이 난 장소가 집인지? 아파트인지? 상가인지? 확인해야 한다. 불이 났는데 당황하고 정신이 없는 것은 당연한 일이다. 내집에 불이 났다면 더 그럴 것이다. 하지만 정확한 장소를 말해주어야 소방관들이 빨리 출동할 수 있음을 명심해야 한다. 만일 불이 나서 위험하다면 우선 안전한 곳으로 피한 후에 119신고를 해야 한다. 노약자나 어린아이가 있을 경우에는 이들을 우선 대피시켜야 한다.

화재 시그널

- 라이터나 성냥 등이 어린이의 손이 닿는 곳에 방치되어 있다.
- 전열기구에서 이상한 냄새가 나거나 가끔 작동을 하지 않는다.
- 전열기구의 온도 조절기가 고장 난 채로 사용한다.
- 그럼에도 전기를 차단하지 않고 전문가를 불러 점검받지 않는다.

- 하나의 멀티탭에 여러 개의 코드를 문어발식으로 사용한다.
- 콘센트나 전열기구 등에 먼지가 쌓여 있다.
- 전기장판을 장시간 켜두고 잠이 든다.
- 가스 불 위에 요리를 올려놓은 채 주방을 오래 비운다.
- 사용 후 가스 밸브를 잠그지 않는다.
- 지하철이 비정상 운행을 하면서 타는 냄새가 난다.
- 지하철 차량 내부로 연기가 들어온다.

화재 시 행동요령

- 불을 발견하면 "불이야!"하고 큰 소리로 외쳐 다른 사람에게 알리고 화재경보 비상벨을 누른다.
- 엘리베이터를 이용하지 말고 계단을 이용하되 아래층으로 대피가 불가능한 때에는 옥상으로 대피한다.
- 불길 속을 통과할 때에는 물에 적신 담요나 수건 등으로 몸과 얼굴을 감싼다.
- 연기가 많을 때는 젖은 수건 등으로 코와 입을 막고 낮은 자세로 이동한다.
- 방문을 열기 전에 문손잡이를 만져 보고 뜨겁지 않으면 문을 조심스럽게 열고 밖으로 나간다.
- 출구가 없으면 연기가 방안에 들어오지 못하도록 옷이나 이불

에 물을 적셔 문틈을 막고 구조를 기다린다.

주택화재 예방 행동요령

- 쓰지 않는 전기코드는 반드시 뽑아놓아야 한다.
- 노후한 전기 배선은 반드시 교체해야 한다.
- 조리 중에는 절대로 자리를 비우지 않아야 한다.
- 외출 전 가스레인지의 불이 꺼졌는지 반드시 확인한다.

화재로 피해를 입었을 경우 도움 받을 수 있는 곳

화재가 나면 막막하다. 이럴 때 도움을 받을 수 있는 곳이 있다. 가까운 대한적십자사에 가면 구호물품을 지급(쌀, 담요 등) 받을 수 있다. 만일 화재보험 보상을 받으려면 소방서에서 화재증명원을 발급받으면 된다. 운전면허증은 경찰서에서, 차량등록증은 관할차량 등록사무소에서 재발급받을 수 있다. 신분증은 관할 읍면동사무소에서 재발급 가능하고, 건강보험증은 건강보험공단에서 재발급받고 기타 건강보험 혜택도 받을 수 있다. 그밖에 세금은 세무서나 시군구에 징수유예를 요청할 수 있고, 화재로 화폐가 소손됐을 경우는 한국은행이나 시중 은행에서 소손화폐를 교환할 수 있다. 자세한 내용은 관련 기관에 문의하면 자세히 알려 준다.

지하철 화재 시 행동요령

지난 2003년 2월 18일 9시 55분 경 대구광역시 중구 남일동 중앙로역에서 한 장애인이 자신의 신변을 비관하다 휘발유를 담은 페트병 두 개에 불을 붙였다. 이 사건으로 인해 편성 전동차 열두 량이 모두 불탔으며 192명이 사망하고 148명의 부상자가 발생했다. 이는 대구 상인동 가스폭발 사고와 삼풍백화점 붕괴 사고 이후 최대 규모의 사상자가 발생한 참사였다. 대구지하철 참사는 이후 객차 내부의 의자를 불연재로 교체하고, 지하철 역사 내에는 방독면을 비치하고 객차 내에서는 화재대피 요령 방송을 하는 등 지하철 화재에 대비하게 된 계기가 되었다.

지하철 화재 시에는 지하터널에 꽉 찬 연기로 시야가 보이지 않는다. 이때 어떻게 해야 할까?

- 노약자·장애인석 옆에 있는 비상버튼을 눌러 승무원에게 화재를 알린다.
- 여유가 있다면 객차마다 두 개씩 비치된 소화기를 이용하여 불을 끈다.
- 출입문이 자동으로 열리지 않으면 수동으로 문을 열고, 여의치 않으면 비상용 망치를 이용해 유리창을 깨고, 망치가 없으면 소화기로 유리창을 깨고 탈출한다.
- 스크린도어가 열리지 않을 경우는 스크린도어에 설치된 빨간

색 바를 밀고 탈출한다.

- 코와 입을 수건, 티슈, 옷소매 등으로 막고 비상구로 신속히 대피한다.
- 만일 정전 시에는 대피유도등을 따라 출구로 나가고, 유도등이 보이지 않을 때는 벽을 짚으면서 나가거나 시각장애인 안내용 보도블록을 따라 대피한다.
- 지상으로 대피가 여의치 않을 때는 전동차 진행방향 터널로 탈출한다.

궁금해요 지하철안전지킴이 사용법

1) 안드로이드 플레이스토어에서 '지하철안전지킴이' 앱을 다운로드한다.

2) 민원 신고, 성추행 등 긴급상황 신고, 응급환자 신고, 질서저해 신고 등 각 종 민원 신고를 빠르게 할 수 있다. 지하철 노선도, 역별 이용안내, 역 검색, 지하철 노선과 열차 안의 내 위치를 알려주는 서비스가 있다.

3) 휴대전화 주소록에 저장된 친구를 찾아서 친구에게 자신의 위치를 공유할 수 있고 대화기능도 있다. 또 보호자는 지하철을 탄 어린이나 노약자의 위 치를 검색할 수도 있다.

화재로 화상을 입었을 때 응급처치

- 일반적으로 흐르는 수돗물이나 얼음물로 충분히(15~30분 정도) 식힌다.
- 옷을 입은 채 뜨거운 물에 데었을 때는 옷을 벗기기 전에 찬물로 충분히 식힌 후 벗긴다. 만약 벗기기가 어려우면 그 부위를 가위로 잘라야 한다.
- 화상연고나 붕산연고를 거즈에 발라 화상 부위를 덮어주고 붕대를 가볍게 감아준다.
- 심하게 아플 때는 얼음주머니를 만들어 얹어주면 한결 낫다.
- 물집이 생겼으면 터뜨리지 말고 그냥 두어, 저절로 쭈그러들며 껍데기가 벗겨지고 새살이 나오도록 한다.
- 화상 부위는 오랜 시간 공기에 노출되면 후에 흉터가 남게 되므로 공기로부터 차단하기 위해 붕대를 감는 것이 좋다.
- 몸의 상당한 부분에 화상을 입었을 때는 깨끗이 빤 큰 타월 등에 2%의 탄산수나 물을 적셔 몸 전체를 감싸고 즉시 병원으로 간다.

어린이 화상사고를 예방하려면

한국소비자원에 최근 3년간 접수된 어린이 화상사고는 총 2,426건(2013년 760건, 2014년 829건, 2015년 837건)으로 해가 갈수록 늘어나고 있다. 발달단계별로는 걸음마기(1~3세)에 전체의 50% 이상이 발생한 것으로 나타났다. 주요 위해품목으로는 전기밥솥이 458건 (18.9%)으로 가장 많았고, 다음으로 정수기가 287건(11.8%)으로 많았는데, 주로 주방에서 사용하는 물건으로 인한 화상사고가 많은 것으로 나타났다.

3세 이하 영유아 화상사고 주요 위해품목

단위: 건, (%) 출처: 한국소비자원

구분	2013년	2014년	2015년	총계
전기밥솥	149(19.6)	136(16.4)	173(20.7)	458(18.9)
정수기	83(10.9)	100(12.1)	104(12.4)	287(11.8)
고데기	36(4.8)	56(6.8)	57(6.8)	149(6.1)
다리미	42(5.5)	47(5.7)	57(6.8)	146(6.0)
화로(불판)	42(5.5)	56(6.8)	43(5.2)	141(5.8)
커피포트	31(4.1)	48(5.8)	56(6.7)	135(5.6)
전기히터(난로)	27(3.6)	27(3.2)	35(4.2)	89(3.7)
프라이팬	23(3.0)	41(4.9)	23(2.7)	87(3.6)
접착제	13(1.7)	26(3.1)	23(2.7)	62(2.6)
기타	314(41.3)	292(35.2)	266(31.8)	872(35.9)
총계	760(100.0)	829(100.0)	837(100.0)	2,426(100.0)

영유아 화상 예방 행동요령

- 영유아가 주방으로 들어오지 못하도록 보호자의 철저한 주의가 필요하다.
- 뜨거운 음식물이나 고온물질을 바닥에 두지 않는다.
- 다리미 사용 시 유아의 손에 닿지 않는 곳에 둔다.

음식 조리하다 깜박하지 마세요

오늘은 화재출동이 여느 날보다 많았다. 벌써 세 번째 출동을 했다. 첫 번째 출동은 빌라 보일러실이었다. 도착해보니 다행히 신고자가 소화기로 불을 꺼서 초기에 화재가 진압되어 있었다. 두 번째 출동은 아파트 주방이었다. 잠자던 주인을 밖으로 대피시키고 나와 동료들이 초기에 화재를 진압했다. 세 번째 출동은 연립주택 화재였다. 출동했을 때는 이미 주방에서 시작된 불길이 거실로 번지고 있었다. 침착하게 화재 진압을 했다. 불이 나면 재산피해도 걱정되지만 그보다 인명의 안전이 가장 우려된다. 다행히 화재로 연기흡입을 하거나 크게 다친 주민이 없었다.

오늘 출동한 세 건의 화재 중 두 건의 화재는 모두 주방에서 일어났다.

"여보 글쎄, 나 건망증이 있나봐! 깜박하고 냄비에 찌개를 올려놓고 마트에 가지를 않나, 지갑도 안 가지고 가서 다시 가지러오고. 하여튼 걱정이야."라고 주부들이 대수롭지 않게 말하는 경우를 자주 보았을 것이다. 이렇게 주방에서 무언가를 하다 깜박하고 잊는 증상을 '주부 건망증'이라고 하는데 요즘 부쩍 잦아진 주택화재는 바로 주부 건망증으로 인한 것들이 많다. 가스레인지에 음식물을 올려놓고 깜빡 잊고 있다가 음식이 다 타버리면서 발생하는 화재이다.

"여보세요 119죠? 여기 뭐가 타는 냄새가 나고 연기도 나와요!"

40대 중반의 여성으로부터 걸려온 긴급화재 신고 전화였다.

"화재출동! 화재출동! ○○시 △△동 A건물 뒤편 주택 지하, 연기가 나온다고 신고!"

"출동하는 차량들은 안전에 유의해서 신속 출동하기 바람!"

현장에 도착해서 확인해보니 음식을 조리하다 깜박하고 냄비를 과열로 태워서 냄새가 나고 연기가 났다. 음식물을 끓이던 냄비가 시커멓게 타버렸다. 조금만 더 화재가 진행되면 온 집안으로 불길이 번질 수도 있었다. 다행히 조기에 화재를 진압해서 재산피해를 경감할 수 있었다.

음식물 조리를 할 경우 주방에서 자리를 비우지 않는 방법이 화재 예방의 최선이다. 부득이 자리를 비울 경우에는 빨리 일을 보고 다시 돌아와야 한다. 예방적 차원에서 단독경보형감지기나 자동확산소화용구를 설치하는 방법도 좋다. 음식물 조리 화재가 발생하면 가장 먼저 119로 신고해야 한다. 만일 초기라면 가스레인지 점화 스위치와 중간 밸브를 잠그고 창문을 열고 환기를 시킨다. 뜨거워진 냄비뚜껑을 열면 갑자기 불길이 치솟을 위험이 있으므로 절대 서둘러 뚜껑을 열지 않는다. 과열된 냄비는 서서히 식도록 하거나 소화기를 사용해 불을 꺼야 한다. 만일 주방의 불길이 주방벽과 천장을 타고 올라가면 더 이상 불을 끄지 말고 신속히 대피해야 한다. 이때는 반드시 코와 입을 수건, 티슈, 옷소매 등으로 막고 대피해야 한다. 화재로 인한 유독가스에 질식하거나 사망할 수 있기 때문이다. 화재로 인한 사망원인 중 가장 많은 것이 바로 연기흡입 질식이다.

전쟁 시그널과 응급처치

|

전쟁 시그널을 찾아라

전쟁은 언제 일어날지 모른다. 특히 우리나라와 북한은 전쟁이 잠시 멈추어진 휴전 상태이다. 언제든 다시 전쟁이 발발할 수 있다.

국내에서 잘 알려지지는 않았지만 만화 마니아들은 일본 만화가 고바야시 모토후미의 〈제2차 조선전쟁〉을 한 번쯤 보았을 것이다. 작가는 1994년부터 1996년까지 가상의 제2차 한국전쟁을 만화로 그렸다. 만화는 북한의 남침으로 벌어진 제2차 한국전쟁이 남한에서 전개되는데, 일본의 자위대가 전쟁에 투입되고 미국도 개입하게 된다는 내용이다. 나는 그 만화의 일부를 보면서 정말 끔찍했다. 다시는 이 땅에 전쟁이 일어나지 말아야 한다. 하지만 만일 전쟁이 일어난다면 어떻게 해야 할까? 전쟁의 시그널이 분명 있을 것이다. 그 시그널을 숙지하고 미리 대비해야 한다.

전쟁 시그널

- 주가가 떨어지고 외국자본이 철수한다.
- 주가 급락이 지속된다.
- 원화가치가 휴지 조각처럼 1천원대에서 급속히 떨어지고 환율이 오른다.
- 주한 미군 시설의 인원과 장비가 한강 이남으로 내려간다.
- 한국 내 외국인들이 한국을 급속히 떠나 자국이나 제3국으로 이동한다.
- 주한 미국인들의 탈출이 가속화되고 미 대사관에서 '한국으로 여행금지' 권고가 미국에 전달된다.

우리는 전쟁에 대해 무관심하다. 하지만 만일 전쟁이 일어난다면 어떻게 해야 할까?

전쟁 시 행동요령

- 북한의 공습 포격을 알리는 공습 경보 사이렌이 울리면 반사적으로 움직여야 한다.
- 공습이 시작되면 가장 안전한 곳인 지하대피소로 피한다.
- 만일 가족과 헤어졌을 때 만날 장소를 미리 정해놓아야 한다.
- 직장에서 근무 중 비상사태가 발생하면 직장 민방위대의 지시에 따라 지정대피소로 피하면 된다.
- 대피할 때는 지하에 갇히는 상황을 대비해 휴대전화나, 파이프를 두드려 소리를 낼 수 있는 물건 정도만 챙겨 신속하게 이동해야 한다.
- 대피소가 멀리 있거나 안내요원이 없어 위치를 모를 때는 인근 지하철역, 다층 건물의 지하층, 관공서의 지하시설, 지하보도 등으로 들어가야 한다.

지하대피소 찾기

국민재난안전포털 홈페이지(www.safekorea.go.kr)에서 하단 '민방위 대피시설' 클릭 → '대피시설'에 들어가 주소지를 입력하면 가장 가까운 대피 장소를 확인할 수 있다.

비상배낭을 준비하라

- 최소 3일 동안 자립적으로 생존할 식량과 생필품을 준비한다.
- 물과 라면, 통조림 등도 챙기면 좋다.
- 방독면은 필수 장비로 꼭 준비한다.
- 우산과 비닐로 된 우의·외투는 화생방 상황에서 낙진 피해를 막는 데 유용하다.
- 취사를 위해 휴대용 가스레인지, 코펠, 부탄가스를 준비한다.
- 두꺼운 옷 한 벌, 튼튼한 신발 한 켤레를 준비하고 이불은 방한 용으로 챙긴다.
- 보험증서, 계약서, 여권 등 중요 서류도 가방에 담아놓아야 한다.
- 휴대용 전등, 양초, 성냥, 라디오(건전지 포함)도 비상대비 물품 으로 준비한다.

119 응급출동

을지연습은 왜 매년 할까?

1950년 6월 25일 한국전쟁이 발발했다. 그로부터 지금 2017년 한국전쟁 이 발발한지 반세기가 지났다. 대부분의 국민들은 전쟁에 무감각해지고 있다. 그러나 우리의 할아버지 할머니 세대들은 전쟁을 겪었고 전쟁의 아 픔을 아직 고스란히 간직하고 있다.

한순간 모든 것을 앗아간 전쟁은 이 땅에 다시 일어나면 안 된다. 올해도 어김없이 실시하는 을지연습은 이러한 전쟁의 아픔을 다시는 겪지 않기 위해 적의 전쟁도발에 대한 사전훈련을 하는 것이다. 내가 근무하는 소방서에서도 변함없이 을지연습을 한다. 전쟁이 일어나기 전에 군에서는 적의 전쟁도발 사태가 현저한 경우 데프콘3을 발령한다. 전쟁도발의 징후가 커갈수록 데프콘2와 데프콘1로 격상된다.

천만 관객이 넘은 영화 〈명량〉은 이순신 장군의 명량해전을 영화로 만든 것이다. 이순신 장군은 전쟁이 일어나지 않았을 때 이미 왜의 침입을 대비해서 거북선을 만들었다. 그리고 군사들을 훈련시켰다. 매일 반복되는 훈련으로 군사들은 불평불만이 많았지만 이순신 장군은 굴하지 않고 훈련을 계속했다. 그러다 이순신 장군이 이제는 만족할 만하다고 하면서 군사훈련을 마친 그날, 임진왜란이 발발했다. 왜는 수륙병진전략으로 조선을 침략했는데 바다에서 대항하는 이순신 장군으로 인해 초기 조선 침략전술을 변경해야만 했다.

평화가 지속될 때 이순신 장군이 거북선을 만들었듯이 사전에 전쟁을 대비하는 훈련과 군사력을 길러야 한다. 소방관도 매일 훈련을 한다. 국민을 재해와 위난으로부터 구조하기 위해서 소방관의 위기관리 능력을 강화시키는 훈련이다. 개개인으로서도 위기가 오기 전에 미리 준비하는 자세가 필요하다. 갑작스러운 위기가 닥쳤을 때에 벗어나기 위한 준비를 해야 한다. 위기는 기회가 되기도 한다. 열두 척의 배밖에 없던 절체절명의 상황에서도 두려움을 용기로 바꿔 명량해전을 승리로 만든 이순신 장군처럼, 준비하는 자는 두려움도 용기로 바꿀 수 있다. 이 책을 읽는 시간이 우리 모두에게 준비하는 시간이 되었으면 한다.

자살 시그널과 응급처치

연도별 자살 사망자수 및 자살 사망률 변화추이

출처: 통계청

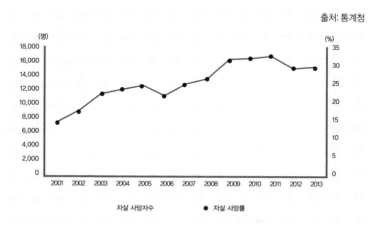

자살은 스스로 자기의 목숨을 끊는 것을 말한다. 현실에서 살아남기 위해 발버둥을 치다 도저히 살기 힘들어서 하는 극단적인 선택이 바로 자살이다.

예전에 자살 예방 단체 'LIFE'의 김영숙 대표님을 만난 적이 있다. 그녀는 자살로 자신의 삶을 포기하는 이들을 살리기 위해 노력하는 멋진 분이었다. 특히 매달 여는 자살 예방 콘서트는 'LIFE'의 대표 행사로, 자신의 삶을 스스로 끝내려고 고민하는 이들에게 자신이 얼마나 귀하고 소중한 존재일지 깨닫게 해준다.

2014년 통계청의 자료에 의하면 2014년 우리나라 사망자는 267,692명이며, 이중 자살로 사망한 사람은 전체 사망자의 5.2%이다. 자살률 추이를 살펴보면 1998년 IMF를 기점으로 급격히 증가해 2005년까지 증가하는 양상이었으며 2011년 인구 10만 명당 31.7명으로 정점을 이룬 후, 2012년 이후 점차 감소하는 추세를 보이고 있다. 그러나 2012년 기준 OECD 회원국 평균 자살 사망률은 인구 10만 명당 12.1명인데 비해 우리나라는 29.1명으로, 회원국 중 자살률 1위이며 여전히 자살로 사망하는 사람이 많음을 확인할 수 있다.

자살을 하려는 사람들은 미리 시그널을 어떤 방식으로든 드러낸다. 자살을 막는 방법은 이러한 자살을 암시하는 시그널을 정확히 판단하고 알아채는 것이다. 주변의 가족이나 친구들이 조금만 관심을 기울이면 소중한 생명을 살릴 수 있다.

자살을 암시하는 시그널

- 삶에 대한 절망감과 목적 상실을 드러낸다.
- 노여움과 분노를 나타내거나 보복하려 한다.
- 무모한 행동을 한다.
- 무언가 덫에 걸려 빠져나갈 수 없는 것 같다고 말한다.
- 술이나 약물의 사용량이 늘어난다.

- 친구와 가족간의 교류가 적어지고 사회에서의 대인관계가 줄어든다.
- 초조함이나 불안감을 느끼거나 감정 기복이 심해진다.
- 잠을 이루지 못하거나 반대로 늘 잠을 잔다.
- 자신이 다른 이들에게 짐이라고 생각한다.

응급서비스 기관에 도움을 요청해야 할 자살 시그널

- 자해나 자살을 하겠다고 위협한다.
- 자살을 위한 방법이나 도구를 찾는다.
- 죽음, 임종, 자살에 관해 이야기하거나 기록한다.

자살 예방 행동요령

- 관심을 기울이고 사랑으로 이야기를 들어준다.
- 실질적인 도움을 준다.
- 자살을 염두에 두고 있는지 물어본다.
- 가까이 지내며 도움을 준다.
- 누군가가 당신에게 자살을 생각하고 있다는 사실을 알린다면, 그 사람 곁에 있어 주면서 무엇이 그를 괴롭히고 힘들게 하는지 털어놓게 한다.

- 만일 그가 자살하려는 구체적인 방법과 시기를 언급한다면, 자살 예방 긴급전화나 지역 내 정신질환 담당 응급부서에 연락하도록 도와준다.

휴대전화 위치추적을 통한 자살 예방

위치정보의 보호 및 이용 등에 관한 법률 제29조(긴급구조를 위한 개인위치정보의 이용)에 따르면 긴급구조기관은 급박한 위험으로부터 생명이나 신체를 보호하기 위하여 개인위치정보주체, 개인위치정보주체의 배우자, 개인위치정보주체의 2촌 이내의 친족 또는 미성년후견인의 긴급구조 요청이 있는 경우 긴급구조 상황 여부를 판단하여 위치정보사업자에게 개인위치정보의 제공을 요청할 수 있다.

이 경우 배우자 등은 긴급구조 외의 목적으로 긴급구조 요청을 해서는 안 된다. 긴급구조 기관에 위치추적 요청은 생명 위협 등 긴급할 때만 요청해야 한다. 채무나 원한 관계의 사람을 찾는 경우, 가정불화에 따른 가출, 귀가지연 등 단순한 연락두절로 인한 위치추적은 할 수 없다.

만일 허위로 요청하면 1천만 원 이하의 과태료가 부과될 수 있다. 따라서 반드시 긴급하고 위급한 상황에서만 119에 위치정보 요청을 해야 한다.

아내가 자살한다고 전화한 뒤 연락이 안 돼요

2012년 4월 5일, 119신고전화가 왔다.

"제 아내가 자살하겠다고 말하고 끊은 뒤 후 연락이 안 되고 있어요."

"정말 걱정이 되네요. 아내 핸드폰 위치추적 가능한지요?"

소방서 119상황실에서 위치추적 신고를 접수받고 재빨리 위치추적을 요청했다. 위치추적 결과 ○○군 △△리 부근으로 확인되어 ××소방서는 즉시 구조차와 인근 119안전센터 구급차를 출동시켰다. 구조출동 중인 소방관들은 신고를 받고 출동한 경찰관들과 인근 지역을 수색했다. 소방관들은 실종자에게 계속 전화시도를 한 결과 실종자가 A동 B건물 기지국 반경에 있다는 단서를 확보했다. 경찰에 신속히 그 사실을 알리고 경찰과 함께 소방관들은 각자 구역을 나누어 인근 모든 모텔들을 찾아 확인하며 수색범위를 좁혀나갔다. 요구조자의 인상착의 등 실종이 의심되는 투숙객이 있는지 확인하던 중 요구조자가 C모텔에 투숙하고 있음을 확인했다.

"계세요? 문 좀 열어보세요!" 투숙한 객실은 안에서 잠겨 있었다. 모텔 주인이 가져온 열쇠로 문을 열었다. 객실에는 약병과 함께 요구조자가 쓰러져 있었다. 출동한 구급대원이 요구조자의 상태를 확인하니 호흡과 맥박이 없었다. 소방관들은 즉시 응급처치를 실시하면서 구급차를 이용해 병원으로 신속하게 이송하였다. 며칠 후 위치추적으로 생명을 살릴 수 있었던 아내의 남편이 ××소방서로 찾아왔다.

"제 아내를 살려주셔서 감사합니다. 조금만 늦었어도 큰일 날 뻔 했는데 제 아내의 목숨을 살려주셨습니다. 생명의 은인이십니다. 정말 고맙습니다."

수많은 출동을 하면서 많은 사건을 경험하지만 이렇게 한 생명을 구했을 때의 기쁨은 지금까지 힘든 모든 것을 잊어버리게 한다. 한 생명을 살릴 수 있다는 사실은 소방관으로 살아가는 나에게 큰 자부심을 느끼게 한다.

2장

지진 시그널과
응급처치

지진이란

지진은 지구 내부의 에너지가 지표로 나와 땅이 갈라지며 지구 껍질인 지각이 흔들리는 현상을 말한다. 전 세계적으로 지난 38년간 규모 5.0 이상의 지진은 총 62,258회로 연평균 1,638회 발생했으며, 최근 10년간(2006~2015년)은 연평균 1,953회의 지진이 발생했다. 주로 불의 고리라고 불리는 환태평양 조산대에서 전 세계 지진의 약 90%가 발생한다. 지금까지 한반도에서 발생한 지진은 다음과 같다.

- 1978년 10월 7일 홍성 규모 5.0 지진 발생
- 2003년 3월 30일 백령도 규모 5.0 지진 발생
- 2004년 5월 29일 울진 규모 5.2 지진 발생
- 2007년 1월 20일 강원도 오대산 규모 4.8 지진 발생
- 2016년 9월 12일 경주 규모 5.8 지진 발생
- 2017년 11월 15일 포항 규모 5.4 지진 발생

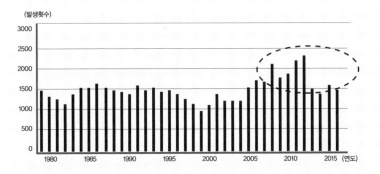

세계 규모 5.0 이상 지진 발생횟수

출처: 강원지방기상청

지난 38년간 규모 5.0 이상 지진은 총 62,258회로 연평균 1,638회 발생했다. 동그라미 친 부분은 최근 10년간(2006~2015년)으로 연평균 1,953회 지진이 발생해 빈도가 높아진 것을 확인할 수 있다.

지진 규모에 따른 피해

지진은 규모에 따라 미치는 영향이 다르다. 규모 2.9 미만의 지진은 지진계만 느끼고 사람들은 진동을 느끼기 어렵다. 규모 3.0 이상이면 매달린 등이 흔들리고 큰 트럭이 지나가는 느낌이 든다. 규모 4.0 이상이면 정지하고 있는 차가 흔들리고 그릇이나 컵 등이 떨어져 깨진다.

최근 2016년 9월 12일 경주 인근에서 일어난 규모 5.8의 지진으로는 건물 벽에 금이 가고 모든 사람들이 지진 진동을 느끼고 대피했다.

규모	영향정도
2.9 미만	미세한 진동, 지진계만 느낌
3.0~3.9	매달린 물체가 흔들림, 큰 트럭이 지나가는 느낌
4.0~4.9	정지하고 있는 자동차가 흔들림, 그릇이나 창문 등이 떨어져 깨짐
5.0~5.9	건물 벽에 금이 갈 수 있음, 모든 사람이 느끼고 대피함
6.0~6.9	굴뚝, 기둥, 벽 등이 무너짐, 지표에 금이 가고 송수관이 파괴
7.0 이상	지표면 갈라짐, 기차선 휘어짐, 다리가 무너짐, 지표면에 심한균열, 지표면에 파동이 보임

2000년 이후 발생한 규모 5.0 이상의 지진

2000년 이후 발생한 규모 5.0 이상의 지진으로는 2008년 5월 12

지진 규모에 따른 피해

출처: 강원지방기상청

규모 5.4 　페루 남부 지진 (2016.8.14) 　사망 4명
부상 55명

규모 6.2 　이탈리아 중부 지진 (2016.08.24) 　사망 247명, 부상 368명
이재민 1,500명

규모 7.8 　중국 쓰촨성 대지진 (2008.5.12) 　사망 69,000여 명, 부상 370,000여 명
실종 18,000여 명

규모 9.0 　동일본 대지진 (2011.3.11) 　사망 15,000여 명, 실종 3,000여 명
이재민 340,000여 명

일 규모 7.8의 중국 쓰촨성 대지진, 2011년 3월 11일 규모 9.0의 동일본 대지진, 2016년 8월 14일 규모 5.4의 페루 남부 지진, 같은 해 8월 24일 규모 6.2의 이탈리아 중부 지진이 있다.

지진이 일어나더라도 평소 지진 대피훈련을 해왔거나 법적으로 내진건물을 짓도록 한 경우 지진 피해를 줄일 수 있다. 일본의 경우 평소 지진에 대한 대비를 철저히 하고 있어서 중국의 쓰촨성 대지진보다 규모가 더 컸지만 그 피해는 적었다.

지진 응급처치

|

지진 발생 시 해서는 안 되는 행동

- 가스에 불을 붙이는 행동
- 무리하게 차단기를 올리는 행동
- 전기스위치를 만지는 행동
- 엘리베이터를 타는 행동
- 맨발로 방이나 거실을 걸어다는 행동

지진 발생 시 꼭 해야 할 행동

- 지진으로 화재가 났을 때 초기 진압이 가능하면 소화기를 사용하여 불을 끈다.
- 불이 크게 나면 119에 신고하고 재빨리 대피한다.
- 차단기를 내린다.
- 가스 밸브를 잠근다.
- 피난할 때 자신과 가족의 안부정보, 피난처 등의 메모를 문 앞에 붙여놓는다.
- 전화나 SNS 등을 통해 자신의 상황을 알린다.

지진 발생 시 장소별 행동요령

1) 집안에 있을 때

책상, 식탁 밑에서 다리를 꼭 잡고 방석 등으로 머리를 보호한다. 벽 모서리, 화장실, 목욕탕에 있는 것이 만약 건물이 무너질 경우에도 공간 확보가 용이해 비교적 안전하다. 불을 끄고 가스 밸브를 잠근다.

2) 학교에 있을 때

책상 밑으로 들어가 몸을 웅크린다. 넘어지는 선반이나 책장으로부터 멀리 피해 몸을 보호해야 한다. 선생님의 지시에 따라 행동하고 침착하게 운동장으로 대피한다.

3) 빌딩 안에 있을 때

책상, 탁자 밑으로 대피한다. 창문, 발코니로부터 멀리 있는다. 엘리베이터 이용을 자제하고 비상계단을 이용한다.

4) 백화점, 극장, 지하, 운동장에 있을 때

지진을 느끼면 좌석에서 즉시 머리를 감싸고 진동이 멈출 때까지 그대로 앉아 있는다. 안내요원의 지시에 따라 움직이며 2차 사고가 발생할 수 있으므로 출구나 계단으로 급히 몰려가지 않는다. 지하 시설물은 비교적 안전하지만 정전, 침수 등에 대처해야 한다. 넓은 운동장은 안전하다.

5) 지하철을 타고 있을 때

고정된 물체를 꽉 잡는다. 문을 열고 뛰어내리면 지나가는 차량에 치이거나, 고압선에 감전되는 등의 사고가 날 수 있다. 따라서 차내 안내방송에 따라 움직인다.

6) 등산이나 여행 중일 때

산을 오르는 중이거나 급경사지를 여행 중인 경우, 산사태가 일어나거나 절벽이 무너질 우려가 있으므로 낮은 지대로 피해야 한다. 라디오, 자체방송, 안내요원의 지시에 따라 신속히 대피한다. 해안에서 지진해일 특보가 발령되면 높은 지역이나 해안에서 먼 곳으로 신속하게 대피한다.

평소 지진이 일어나지 않는다고 안심하면 절대 안 된다. 지진이 일어나기 전 미리 준비한다면 지진의 피해를 줄일 수 있다. 지진 발생 전 일상에서 지진을 대비하는 요령을 알아보자.

지진 시간대별 행동요령

1) 지진 발생 전

지진 대비 가족회의를 한다. 만일 지진이 일어난다면 우리집은 어떻게 대처하고 어디로 대피할 것인지 사전에 가족들이 약속을 한다. 가족들이 만나는 장소도 미리 정한다. 비상배낭을 준비해두는 것도 필요하다. 지진으로 집이 무너질 경우를 대비해서 집에서 꼭 가져나와야 할 것들을 미리 챙겨놓는다. 가장 필요한 것은 물이다. 적어도 삼일치의 물이 필요하다. 그 외에도 비상식량, 현금, 통장 등의 귀중품도 바로 가져나갈 수 있도록 준비한다. 또한 가구 낙하방지 작업을 미리 해둔다. 지진으로 가구가 쓰러지거나 물건이 떨어지지 않도록 벽에 고정장치를 해둔다. 뿐만 아니라 평소 내가 사는 곳의 민방공대피소를 확인해두고, 관공서에서 실시하는 지진대비 훈련에 적극 참석한다.

2) 지진이 발생 한 순간

심한 흔들림이 있으면 먼저 자신의 몸을 보호해야 한다. 가구가 넘어져 깔리거나 유리 창문의 파편 등의 낙하물에 머리 부상을 당하거나 사망할 수도 있으므로 주위 상황을 보면서 물건이 떨어지지 않는 곳으로 피한다. 집안이라면 식탁 밑이나 기둥 옆으로 피한다.

　3) 지진 발생 직후

　흔들림이 멈춘 후 행동한다. 불씨가 집안에 있는지 확인한다. 만일 불이 나면 침착하게 불을 끈다. 그후 창문, 문, 현관문을 열어놓고 출구를 확보한다. 유리나 담벼락이 무너지면 그 아래 깔릴 수 있으므로 유리나 담벼락에 접근하지 않는다. 실내에서 이동할 때에는 신발이나 두꺼운 슬리퍼를 신어서 발을 보호한다. 만약 갇혀서 움직일 수 없게 된 경우, 계속 소리를 지르면 체력을 소모하여 생명에 위험이 있다. 따라서 단단한 물건이나 벽을 치면서 소리를 내어 구조신호를 보낸다.

지진해일 발생 시 행동요령

지진해일이란 해저 화산폭발 등으로 바다에서 발생하는 파장이 긴 파도로 쓰나미(tsunami)라고도 불린다. 지진에 의해 바다 밑바닥이 솟아오르거나 가라앉으면 바로 위의 바닷물이 갑자기 상승 또는 하강하며, 지진해일파가 빠른 속도로 퍼져나가 해안가를 덮친다. 이와 달리 태풍 또는 저기압에 의해 발생하는 해일은 폭풍해일이라고 한다.

　우리나라에서 발생한 지진해일로는 1983년 5월 26일 일본 아키다에서 일어난 규모 7.7의 지진의 영향으로 동해안에 발생한 지진해일이 있다. 최대파고 묵호 200cm, 속초 156cm, 울릉도 136cm 였으며 이로 인해 선박 81척 파손, 시설 100여 건 침수 등의 재산 피해가 약 3억 7,000만 원이 났고 사망 1명, 실종 2명, 부상 2명의 인명피해가 났다. 1993년 7월 12일 일본 오쿠시리 규모 7.8의 지진의 영향으로 발생한 동해안 지진해일은 최대파고 동해 276cm, 속초 203cm, 울릉도 119cm를 발생시키며 재산피해 약 3억 9,000만 원, 선박 35척 파손 등의 피해를 입혔다.

지진해일 발생 시 행동요령

- 지진해일 특보가 발표되면 모든 수단을 동원하여 서로에게 알린다.
- 항내 선박은 움직이지 않도록 고정시키거나 시간적 여유가 있다면 수심이 깊은 먼 바다로 이동시키고, 지진해일 특보를 경청하며 지시에 따른다.
- 해안가에 있을 때 강한 지진동을 느꼈을 때는 가까운 바다에서 지진이 발생했을 수 있으므로 2~3분 이내에 해일이 내습할 가능성이 크다. 따라서 지진해일 특보가 발효되지 않았더라도 신속히 고지대로 이동한다.
- 수심이 깊은 먼 바다에서는 지진해일을 전혀 느낄 수 없다. 지진해일은 해안 부근에서 크게 증폭되므로 먼 바다에서 지진해일 경보를 들었거나 이를 인지하였을 때에는 항구로 복귀하지 않는다.

• 지진해일은 일반적으로 여러 번 도달하는데 제1파보다 제2, 3파의 크기가 더 큰 경우도 있고, 해면의 진동이 10시간 이상 지속되기도 하므로 지진해일 특보가 해제될 때까지 해안가로 내려오지 않는다.

119 응급출동

영화 〈판도라〉와 소방관

지난 주말 가족과 함께 〈판도라〉를 보았다. 나는 이 영화를 보러가면서 여느 재난영화처럼 재난에 무관심, 무감각하다가 결국 그 재난으로 국민들의 생명이 위협받게 되는 그렇고 그런 이야기일 것이라 생각했다. 하지만 영화를 보는 내내 울면서 보았다. 너무나 가슴 아픈 영화였다.

이 영화는 지난 2011년 3월 11일 일본에서 일어난 후쿠시마 원전사고와 유사한 사고가 국내 원전에서 발생한 것을 가상해서 만든 영화다. 실제 일본 후쿠시마 원전사고는 일본 동해에서 규모 9.0의 지진이 발생하고, 뒤이어 14m를 초과하는 초대형 해일이 원전에 들이닥쳤다. 이로 인해 후쿠시마 제1원전의 1~3호기 전원이 멈추면서 수소폭발 및 방사능 누출 사고가 발생했다. 이 사고로 인해 수많은 사람들이 죽었고 그 피해는 아직도 계속되고 있다. 원전사고가 과연 일본만의 일일까?

영화 주인공 재혁은 가족의 일터인 원전에서 아버지와 형을 원전 안전사고로 잃는다. 아주 평범한 노동자였던 재혁은 원자력 폭발사고의 확산을 막기 위해 재난현장으로 뛰어든다. 그리고 그는 결국 자신을 희생함으로써 재난을 막아낸다.

영화를 보는 내내 너무나 무섭고 가슴 아팠다. 구조대와 소방관들이 자신이 죽는다는 사실을 알면서도 원전사고가 확대되지 않도록 최선을 다하는 장면에서는 감정이입이 되어 울컥하기도 했다.

실제 소방관들은 영화에서처럼 재난현장에 출동해서 재난을 수습한다. 위험한 곳임을 알면서도, 자신의 생명이 위험에 노출될 것임을 알면서도 최우선으로 달려간다. 어떤 상황에서도 끝까지 포기하지 않고 구조하는 사람이 바로 소방관이다.

이 영화의 감독은 다음과 같이 말한다. "원전 재난은 일단 사고가 일어나면 복구가 불가능하다. 관객들이 영화를 보고 '판도라의 상자를 열었다'는 것이 무슨 의미인지, 그 말의 뜻이 우리 현실에서 어떻게 부합되는지 공감했으면 한다."

원전사고는 일어나지 않도록 하는 것이 최우선이다. 어떠한 재난이든 발생하면 그 뒷수습에는 막대한 희생이 뒤따르기 때문이다. 재난을 미리 예방하지 않은 이들의 실수로 현장에서 일하는 이들이 죽어가야 하는 어처구니없는 일이 발생하지 말아야 한다.

이를 위해 원전사고 방지를 위한 안전 매뉴얼을 철저히 준수해야 한다. 노후된 장비는 교체하거나 폐기해야 한다. 현장 노동자들의 안전이 최우선되어야 한다. 재난현장에 달려가는 관계자들과 소방관들에게 최상의 구조장비와 개인 보호장비가 구비되도록 해야 한다.

경제 논리에 의해 안전이 후순위에 밀려서는 안 된다. 속담에 '호미로 막을 것을 가래로 막는다'는 말이 있다. 미리 조금만 조심하면 충분히 피해를 최소화할 수 있다. "설마 그런 일이 일어날까?"하는 방심을 해서도 안 된다. 안전에 대한 무관심이 우리를 재난으로 몰아가 지울 수 없는 아픔과 슬픔을 남길 수 있음을 잊지 말아야 한다.

궁금해요 원전사고 행동요령

1) 국민보호조치 발표 시

- 가급적 외출을 삼가고 건물 내에서 생활한다.
- 부득이하게 외출할 때에는 마스크를 착용하고 우산, 비옷 등을 휴대하여 비를 맞지 않도록 유의한다.
- 외출 후에는 샤워 등으로 몸을 깨끗이 한다.
- 옥외에서 음식물 섭취를 하지 않고 채소, 과일 등은 충분히 씻어서 섭취한다.

2) 방사능 구름 통과 시

- 가급적 가옥이나 건물 내에서 생활한다.
- 외출 시에는 우산, 비옷 등을 휴대하여 비를 맞지 않도록 주의한다.
- 건물 밖에 있던 물은 폐기 또는 오염검사 후 사용한다.
- 음식물은 실내로 옮겨 놓고, 옥외에서 음식물 섭취를 하지 않는다.
- 대용으로 공급된 음식물 또는 오염검사 후 허용된 음식물만 먹는다.
- 가축은 축사로 이동하고, 사료는 비닐 등으로 덮는다.
- 집이나 사무실의 창문, 환기구 등을 닫아 외부공기 유입을 최소화한다.

3) 옥내 대피 및 소개(疏開) 시

- 전기 및 가스, 환기 설비 등을 끄고 수도꼭지를 잠근다.
- 담요, 의복, 구급약품 및 유아용품 등을 지참하고 대피한다.
- 음식물을 절대로 지참해서는 안 되며, 애완동물을 동반하지 않는다.
- 가축은 가급적 밀폐된 장소에 수용하고 사료는 밀폐된 장소에 수용 및 저장한다.
- 상황이 종료되었다 하여도 오염확대 가능성이 있으므로 밖으로 출입을 자제한다.
- 환경감시 등 조사활동이 끝날 때까지 정부 및 방재유도 요원의 지시에 따라 행동한다.

3장

일상 속 꼭 필요한
응급처치

심폐소생술만 알면 누구나 생명을 살릴 수 있다
|

내 앞에서 갑자기 사람이 쓰러진다면 당신은 어떻게 할 것인가? 이럴 때 약간의 응급처치 상식만 가지고 있어도 충분히 그 위기를 극복할 수 있다. 가령 심폐소생술을 배웠다면 119에 신고하고 곧바로 심폐소생술을 실시하면 된다. 이번 장에서는 우리가 꼭 알아야 할 응급처치 상식으로 심폐소생술과 자동제세동기 사용법, 기도폐쇄 응급처치, 출혈 응급처치, 골절 응급처치 등을 배워보기로 한다.

심폐소생술(CPR: Cardiopulmonary Resuscitation)은 심장의 기능이 정지하거나 호흡이 멈추었을 때 사용하는 응급처치이다. 심장이 정지한 후 2분 안에 심폐소생술을 실시하면 약 90% 이상의 소생률이 보장되지만, 4분이 지나면 소생률은 25% 이하로 떨어지게 되며 10분이 지나면 소생률은 0%에 이르게 된다.

심정지는 30~40대에 가장 많이 발생하며 여성보다 남성에게서 두 배 더 많이 발생한다. 어린이들의 경우 심정지로 이어질 수 있는 유전적인 문제가 있지 않는 한 심정지가 거의 발생하지 않는다. 매년 10만 명의 아동 중 1~2명 정도에게서만 심정지가 발생할 정도로 많지 않다. 그러나 언제 어디서 어떤 상황에서 심정지 환자를 마주하게 될지 모른다. 심정지 환자를 소생시키는 마법의 기술 '심폐소생술'을 제대로 배워두면 누구나 사랑하는 가족과 이웃의 소중한 생명을 살릴 수 있다.

심폐소생술이 성공할 수 있는 시간

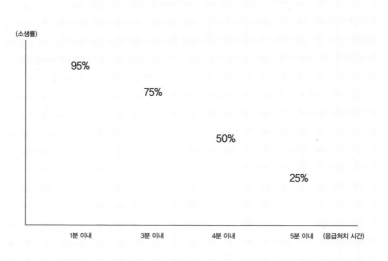

성인 심폐소생술

성인 심폐소생술	
1단계 의식 확인 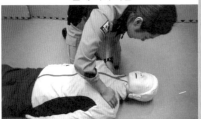	현장의 안전을 확인한 뒤에 환자에게 다가가 어깨를 가볍게 두드리며, 큰 목소리로 "여보세요, 괜찮으세요?"라고 물어본다. 반응과 호흡이 없다면 심정지의 가능성이 높다고 판단해야 한다.
2단계 119신고 및 도움 요청 	의식이 없으면 119에 신고하고 주변에 도움을 구한다. 도와줄 사람이 나타나면 자동제세동기 (AED)를 요청한다. 두 명 이상이 있다면 한 명은 심폐소생술을 하고 다른 한 명은 119에 신고한다.
3단계 흉부압박 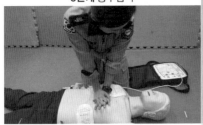	환자를 단단하고 평편한 바닥에 등을 대고 눕힌 뒤에 가슴뼈(흉골)의 아래쪽 절반 부위에 깍지를 낀 두 손의 손바닥 뒤꿈치를 댄다. 팔을 곧게 펴서 바닥과 수직을 이루도록 한 상태로 5~6cm 깊이로 분당 100~120회 속도로 압박한다.
4단계 자동제세동기(AED) 사용 	자동제세동기의 지시에 따라 행동하고 제세동 리듬일 경우 제세동 후 앞의 과정을 반복한다. 환자가 회복되거나 119 구급대가 도착할 때까지 지속한다.

※ 심정지 초기에는 가슴 압박만을 시행하는 가슴 압박소생술과 인공호흡을 함께 실시하는 심폐소생술의 효과가 비슷하기 때문에 일반인 목격자는 지체 없이 가슴 압박소생술을 시행해야 한다.

영아 심폐소생술

영아 심폐소생술

1단계 의식 확인, 119신고 및 도움 요청

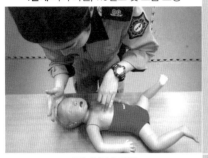

발바닥에 가볍게 자극을 주면서 "아가야? 괜찮니?"라고 물으며 환아의 반응을 확인한다. 의식이 없으면 119에 신고하고 주변에 도움을 구한다. 도와줄 사람이 나타나면 자동제세동기를 요청한다. 두 명 이상이 있다면 한 명은 심폐소생술을 하고 다른 한 명은 119에 신고한다.

2단계 흉부 압박

한 손으로 영아의 머리를 지지하고 다른 손의 두 손가락으로 흉부를 압박한다. 양쪽 젖꼭지를 연결한 가상선의 정중앙 직하부를 두 손가락으로 압박한다. 손가락을 곧게 펴고 체중을 실어서 가슴 깊이의 1/3(4cm) 정도가 눌리도록 강하게 압박한다.

3단계 인공호흡

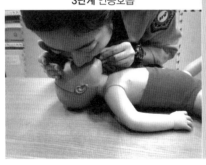

입으로 코와 입을 한꺼번에 막고 평상 시 호흡으로 1회에 1초 동안 가슴이 올라오는 것을 눈으로 확인하며 인공호흡을 2회 시행한다. 이때 너무 빨리 많은 양의 공기를 불어넣으면 폐가 아닌 위로 공기가 들어가 위 팽만, 구토, 흡인 등의 2차 문제를 야기할 수 있다.

생명에 대한 간절함, 생명을 살리는 희열

우연히 SNS를 통해 사진 한 장을 보게 되었다. 퓰리처 상을 받은 사진기자 로코 모라비토의 '생명의 키스(1967)'이다. 사진을 본 순간 나는 감동으로 감전된 듯 움직일 수 없었다.

사진 속에는 전신주에서 일하고 있는 두 명의 남자가 있다. 그런데 동료 중 한 명이 전기에 감전되어 갑자기 푹 쓰러진다. 거꾸로 매달린 동료는 숨을 쉬지 못하고 심장도 뛰지 않았다. 함께 일하던 동료는 순간 당황했다. 그러나 그는 동료를 살려야 한다는 생각에 쓰러진 동료에게 다급하게 다가갔고, 전봇대에 거꾸로 축 늘어져 의식을 잃고 있는 동료에게 심폐소생술을 시행한다. 그 역시 허리 안전벨트 하나에만 의지하고 있어 매우 위태롭게 보이는 상황이었지만, 오직 동료를 살려야 한다는 생각뿐인 듯하다.

동료를 살리기 위해 심폐소생술을 하는 남자의 모습에서 '나와 함께하던 동료! 그 동료를 살려야 한다!'는 간절함을 보았다. 늘 삶과 죽음의 경계에서 고군분투하는 나도 그 간절함을 누구보다 잘 알고 있다.

"구급출동!! ○○동 △△아파트 A동 B호"

"신고자 딸이 아버지가 갑자기 쓰러졌다고 함, 숨을 쉬지 않는다고 함!"

"구급차 출동!"

월요일 아침 출근하여 야간 근무조와 교대하고 자리에 앉자마자 출동 방송이 울렸다. 급히 사이렌을 울리며 달려가 아파트 엘리베이터 앞에 도착했다. 그런데 왜 이렇게 엘리베이터가 늦게 내려오는지! 현장에 도착하니 중학생 정도 되어 보이는 여학생이 울고 있었다. 거실에서 TV를 보던 아버지가 갑자기 가슴을 움켜잡으면서 쓰러졌다고 한다. 우리는 즉각 심폐소생술을 실시했다. 병원까지 이송하면서도 멈추지 않고 심폐소생술을 계속했다. 심폐소생술을 하면서도 내 머릿속에는 '아직 자식도 어린데, 제발 살아주기를…'하는 생각뿐이었다. 다행히 응급처치가 잘 되어서 아버지는 무사할 수 있었다. 그 일이 있고 일주일 지나서 딸과 아버지가 소방서에 찾아왔다.

"제 목숨을 살려주셨습니다. 정말 제 생명의 은인입니다. 고맙습니다!"

환하게 웃으며 감사하다는 말을 하는 아버지와 딸의 모습을 보니 마음이 훈훈해졌다. 이런 말을 들으면 그동안 힘들었던 일들이 말끔히 사라져버리고 소방관으로서 보람을 느낀다. 세간의 사람들은 소방관을 너무 위험하고 힘든 직업이라며 기피하기도 한다. 하지만 내게 소방관이라는 직업은 세상의 그 어떤 것과도 바꿀 수 없는 기쁨 '생명을 살리는 희열'을 가져다준다.

자동제세동기 사용 어렵지 않다

요즘 지하철역이나 공공기관에서 종종 보이는 응급처치 장비가 있다. 바로 자동제세동기(AED: Automated External Defibrillator)이다. 이 장비는 심장이 정지된 환자에게 전기충격을 주어서 심장의 정상 리듬을 가져오게 해주는 의료기기이다. 이 장비는 소방관뿐만 아니라 누구나 생명을 살릴 때 사용할 수 있다. 선진국에서는 사람이 많이 모이는 공공장소에 자동제세동기를 비치하여 심정지 환자들의 생존율이 증가하고 있다고 한다. 우리나라에서도 응급의료에 관한 법률에 의해 공공의료기관, 구급차, 여객 항공기 및 공항, 철도객차, 20톤 이상의 선박, 다중이용시설에 자동제세동기가 의무적으로 설치되어 있다.

자동제세동기 사용법

자동제세동기 사용법

1단계 전원을 켠다

자동제세동기는 2분마다 심장 리듬을 반복해서 분석한다. 자동제세동기의 사용 및 심폐소생술의 시행은 119 구급대가 현장에 도착할 때까지 지속되어야 한다.

2단계 두 개의 패드를 부착한다

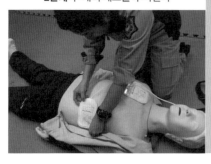

환자의 가슴을 노출시킨 후 패드에 그려진 그림을 확인해 오른쪽 쇄골 아래에 하나, 왼쪽 젖꼭지 옆 겨드랑이 중앙선에 또 하나를 붙인다.

3단계 심장 리듬 분석 및 제세동을 시행한다

패드에 연결된 선을 기계에 꽂으면 자동으로 환자의 심장리듬이 분석된다. 이때 분석 오류 방지를 위해 환자에게 손을 대지 않는다. 기계가 제세동이 필요하다고 판단하면 자동으로 충전을 시작한다. 충전이 끝나면 제세동 버튼을 누르라는 메시지가 나온다. 환자에게서 모두 떨어지도록 한 뒤 버튼을 누른다.

4단계 즉시 심폐소생술 다시 시행

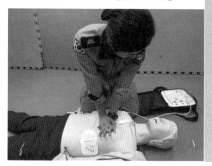

전기 충격 후에는 즉시 심폐소생술을 시행한다. 2분이 지나면 기계가 다시 심장 리듬을 분석해 제세동 필요 여부를 알려준다. 기계의 지시에 따라 위 단계를 반복한다.

자동제세동기

나도 '하트세이버'가 될 수 있다

A고등학교 강○○ 교장(61)은 아산시 △△동 목욕탕 안에서 물에 빠져 있던 정모(72) 씨를 목격했다. 이에 정모 씨를 탕에서 구조한 후 심정지 상태를 확인, 즉시 심폐소생술을 6~7분간 실시해 생명을 구했다. 이에 아산소방서는 강 교장의 공을 인정해 그를 '하트세이버(Heart Saver)' 주인공으로 선정했다.

하트세이버 (Heart Saver)

하트세이버는 '심장을 구하는 사람'이란 의미로, 심장 박동이 멈춰 죽음의 위험에 노출된 응급환자를 병원 도착 전까지 심폐소생술과 자동제세동기(AED)를 사용해 생명을 구한 사람에게 주는 명예로운 상이다.

이처럼 사람의 생명을 살리는 사람을 하트세이버라고 한다. 하트세이버는 '심장을 구하는 사람'이란 의미로, 심장 박동이 멈춰 죽음의 위험에 노출된 응급환자를 병원 도착 전까지 심폐소생술과 자동제세동기를 이용해 생명을 구한 사람에게 주는 명예로운 인증서이다.

이 제도는 2008년 소방청(당시 소방방재청)에서 처음 실시한 것으로, 소방관뿐만 아니라 일반인도 심폐소생술과 자동제세동기를 이용해 생명을 구하면 누구나 하트세이버가 될 수 있다.

서울소방본부에 의하면 2015년 한 해 동안 구급대원이 환자 33만 5470명에게 85만 4800건의 응급처치술을 시행했으며 소방대원과 일반 시민에게 수여하는 하트세이버는 구급대원 865명, 화재진압대원 61명, 오토바이 구급대원 24명, 상황요원 5명이 받았다.

한동안 인터넷 포털과 SNS에 '목숨을 거두러 왔던 저승사자가 울고 간 사연'이라는 애니메이션이 큰 조회수를 기록한 적 있다. 복지부·질병관리본부·심폐소생협회가 만든 홍보 애니메이션으로 그 내용은 다음과 같다.

회사원인 아빠가 밤 늦게 퇴근해서 집에 들어온다. 회사에서 처리하지 못한 일이 많아 거실에서 늦게까지 일을 한다. 그런데 일을 하던 도중 갑자기 가슴통증을 호소하면서 쓰러진다. 옆에 있던 아내가 놀라서 119에 신고한다. 어린 딸에게 1층 로비에 있던 자동제세동기를 가져오라고 말한다. 이때 저승사자 두 명이 들어온다. 저승사자 한 명이 "심장마비로 죽는 사람이 이 사람이 맞군! 빨리 데려가자!"라고 말한다. 그때 아내가 심폐소생술을 실시한다. 저승사자들이 놀란다. 저승사자 한 명이 "아니 심폐소생술을 할 줄 알잖아. 심폐소생술을 하면 우리가 데려갈 수 없잖아!"라고 말한다. 옆에 있던 저승사자도 "가슴 압박도 잘하는데. 저렇게 가슴을 세게 잘 누르면 우리가 못 데려가겠는데!" "저저 가슴 부풀어 오르는 것 좀 봐. 아주 제대로 하고 있어!" 다른 저승사자가 말한다. 이때 딸이 자동제세동기를 가져온다. 아내는 마지막으로 자동제세동기를 사용하여 심장충격을 주어 남편을 살려낸다. 때마침 도착한 구급대원이 응급처치를 실시하고 후처치를 위해 병원으로 이송한다. 이 애니메이션은 "당신이 심폐소생술을 배워서 할 수 있다면 사랑하는 가족과 이웃의 소중한 생명을 살릴 수 있습니다."라는 말로 끝이 난다.

이런 일은 실제 우리 일상에서 일어나고 있다. 2014년 3월 12일 오전 6시 50분 경 천안시 ○○구의 한 아파트에서 심장이 멈춘 것으로 추정되는 환자가 있다는 신고가 접수됐다. 인근 119안전센터 구급대원이 현장에 도착했을 때 환자의 보호자인 김△△ 씨가 전화로 의료지도를 받으며 심폐소생술을 실시하고 있었다. 도착한 구급대원들은 환자의 상태를 확인한 후 자동제세동기의 사용과 함께 가슴 압박을 실시하면서 구급차에 태워 병원으로 이송했고, 당시 환자는 지금 건강하게 생활하고 있다.

심장이 정지되고 4분 이상이 되면 뇌손상이 시작되고, 10분이 지나면 뇌사 상태에 빠질 위험이 크다. 따라서 초기 4분 안에 심폐소생술을 시행해 심장박동과 호흡이 되돌아오게 하는 것이 중요하다. 우리 이웃에 대한 연민과 사랑으로 심폐소생술을 배워두자. 당신도 명예로운 하트세이버가 될 수 있다.

선한 사마리아인 법

혹시 심폐소생술의 중요성을 알고 있지만 나중에 환자가 잘못되면 법적인 책임을 지게 될까봐 머뭇거리는가? 우리나라는 2008년 국회에서 일명 '선한 사마리아인 법'을 제정하였다. '응급의료에 관한 법률 제5조 2항'에 따르면 생명이 위급한 응급환자에게 응급의료 또는 응급처치를 제공하여 발생한 재산상 손해와 사상에 대하여 고의 또는 중대한 과실이 없는 경우 해당 행위자는 민사책임과 상해에 대한 형사책임을 지지 아니하며 사망에 대한 형사책임은 감면한다고 규정되어 있다. 즉, 만일 당신이 지나가다 쓰러진 사람을 발견하고 심폐소생술을 했지만 살아나지 못했을 때에도 처벌을 받지 않고 법적 책임을 지지도 않는다는 것이다.

외국의 경우에는 '선한 사마리아인 법' 법률 조항이 더 적극적인 의미로 규정되어 있다. 미국 대다수 주와 프랑스, 독일, 일본 등에서는 내가 특별한 위험에 빠지지 않았음에도 위험에 처한 사람을 구조하지 않고 외면한다면 구조해줄 의무를 저버렸다고 판단하고 징역이나 벌금을 부과한다.

자동제세동기

우리는 직장인이 아니다, 소방관이다

'소방관의 아름다운 선행! 80대 노인의 생명을 구하다'라는 신문기사를 보았다. 부산의 한 소방관이 주말에 교회에서 예배를 보다가 갑자기 쓰러진 교인을 신속하게 응급처치해 목숨을 구했다는 내용이었다.

기사의 주인공은 부산 동래소방서에 근무하는 조용원 소방관이다. 조용원 소방관은 갑자기 쓰러진 할머니를 발견하자마자, 호흡과 맥박을 확인하고 호흡과 맥박이 없자 신속하게 심폐소생술을 실시했다. 때마침 도착한 119구급대가 응급처치를 했고 안전하게 병원으로 이송했기에 생명을 살릴 수 있었다. 교회 관계자와 할머니 가족들이 소방서로 찾아와 감사드리자 동료들은 깜짝 놀랐다. 그는 동료들에게 이러한 사실을 말하지 않은 것이다. 조용원 소방관은 소방관으로 당연히 해야 할 일을 했다고 생각해 동료들에게 알리지 않았다고 한다. 소방관은 평소 심폐소생술 훈련을 한다. 언제 어디서 사람을 구할 상황이 발생할지 모르기 때문이다. 왜 조용원 소방관은 소방관으로 당연히 해야 할 일을 했다고 말했을까? 소방관은 직업이 아니다. 소방관이라는 소명을 받았기 때문이다. 소방관은 직장에 출근해서 근무할 때에만 사람을 살리지 않는다. 쉬는 날에도 주위에 응급환자가 있으면 심폐소생술을 실시하고, 쉬는 날에도 주위에서 불이 나면 달려가서 불을 끈다. 조용원 소방관이 '직장인'이었다면 그냥 쉬고 싶었을 것이다. 그러나 그는 소방관이었다. 때문에 옆에서 쓰러진 응급환자를 보자마자 반사적으로 심폐소생술을 해 생명을 살린 것이다. 사명감, 바로 하늘이 준 사명이 이끈 행동이다. 우리는 국민의 생명과 재산을 살리는 '소방관'이라는 소명을 받았다. 대한민국 소방관은 대한민국 국민의 생명과 재산을 반드시 지킬 것임을 이 지면을 통해 약속한다.

기도폐쇄 응급처치

|

인천시 ○○구의 △△아파트에서 생후 6개월 영아가 기도폐쇄로 응급처치를 받았지만 결국 사망했다. 포항북부경찰서 A지구대 박 ××순경은 2016년 6월 24일 오후 3시 경 □□동의 한 중국집에서 급체로 인해 기도폐쇄 질식 중인 박 모(50) 씨를 하임리히 응급처치로 살렸다.

중앙119구조본부 자료에 따르면 2007~2012년 음식물에 의한 기도폐쇄로 119구급대에 이송된 366명 환자 중 76명이 사망했다. 기도폐쇄란 목에 이물질이 걸려서 숨을 쉴 수 없게 되는 것을 말한다. 이러한 기도폐쇄는 아주 급하고 드라마틱한 응급상황이다. 숨을 쉬기 위해 기도를 막고 있는 이물질을 빼내느냐 마느냐에 따라, 의식을 잃고 쓰러지면서 심정지가 발생하기도 하고 아무런 신체적 손상이 없이 일상생활을 할 수도 있기 때문이다.

하임리히법이란

하임리히법(Heimlich maneuver)이란 기도가 이물질로 인해 폐쇄되었을 때, 즉 기도이물이 있을 때 하는 응급처치로 널리 알려진 복부 압박법이다.

1단계 위치 선정

일단 등을 두드려 기침을 유도해본다. 이물질이 제거되지 않으면 환자를 일으킨 상태에서 구조자가 환자의 다리 사이에 한쪽 다리를 지지시키고 등 뒤에 선다. 한 손은 말아서 주먹 쥐고 한 손으로는 그 주먹을 감싼다. 환자의 명치와 배꼽 중간 (갈비뼈 밑)에 손을 갖다 댄다.

2단계 5회 복부 밀치기

4~5회 정도 손을 위로 잡아당기듯이 세게 압박한다. 임신부의 경우 눕혀서 명치에 손바닥을 댄 후 깍지 낀 채 4~5회 위로 빠르게 밀친다. 주위에 구조자가 없고 환자가 의식이 있을 경우에는 스스로 기침을 해보려고 노력하고, 자신의 복부를 의자 등받이에 대고 압박한다.

3단계 의식이 없을 때 심폐소생술 시행

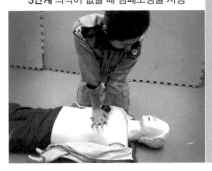

하임리히법은 이물질이 배출되거나 119대원이 도착할 때까지 계속 반복한다. 의식이 없을 때에는 심폐소생술을 즉시 실시한다.

어린이 이물질 삼킴 및 흡인사고 응급처치

한국소비자원의 최근 3년간 통계에 의하면 어린이 이물질 삼킴 및 흡인사고는 총 6,016건이었다. 발달단계별로는 걸음마기(1~3세)에 전체의 50% 이상이 발생한 것으로 나타났다. 주요 위해품목으로는 완구, 인형이 849건(14.1%)으로 가장 많았고 이외에도 구슬이 665건(10.9%), 동전이 321건(5.4%), 스티커가 201건(3.3%), 전지가 195건(3.2%) 등이었다.

특히, 단추형 전지나 강력자석은 단시간 내 장내 손상을 일으키고, 심할 경우 사망에 이를 수도 있으므로 전지 및 자석 제품 취급에 각별한 주의가 필요하다.

어린이 이물질 삼킴 및 흡인사고 주요 위해품목

단위 : 건, (%), 출처: 한국소비자원

구분	2013년	2014년	2015년	총계
완구, 인형	283(11.2)	287(15.7)	279(16.8)	849(14.1)
구슬	195(7.7)	191(10.4)	269(16.2)	665(10.9)
동전	133(5.3)	98(5.4)	90(5.4)	321(5.4)
스티커	66(2.6)	73(4.0)	62(3.8)	201(3.3)
전지(건전지 등)	69(2.7)	56(3.1)	70(4.2)	195(3.2)
캔디	45(1.8)	36(2.0)	23(1.4)	104(1.7)
자석	39(1.5)	32(1.7)	23(1.4)	94(1.6)
단추	31(1.2)	29(1.6)	18(1.1)	78(1.3)
기타	1,668(66.0)	1,026(56.1)	825(49.7)	3,519(58.5)
총계	2,529(100.0)	1,828(100.0)	1,659(100.0)	6,016(100.0)

어린이 질식사고 예방 응급처치

- 가정 내 위해요인이 있는 주방용품 및 가전제품의 작동원리나 이용방법을 어린이에게 알려준다.
- 특히 드럼세탁기, 냉장고, 냉동고, 대형 아이스박스, 싱크대, 장롱 등 갇힐 경우에 질식의 우려가 있는 밀폐된 장소는 평소 놀이공간으로 사용하지 않도록 주의를 시킨다.
- 블라인드, 커튼 등에 달린 둥근 고리형태의 줄은 직선 형태의 줄로 바꾼다.
- 가정에서 사용하는 제품과 장난감은 디자인보다 안전성을 중시한 제품을 선택한다.
- 10세 이하의 어린이를 혼자 집에 두고 외출하지 않는다.
- 어린이들이 삼킬 수 있는 동전이나 단추, 작은 장난감 등은 어린이의 손이 닿지 않는 곳에 보관한다.

만 1세 이하 영아 하임리히법

만 1세 이하 영아 하임리히법	

등 두드리기 5회

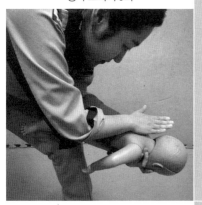

1. 엄지와 나머지 손가락을 영아의 턱에 대고 머리와 목을 받쳐 한 손으로 영아를 잡는다.
2. 영아의 머리가 바닥을 향하게 하여 팔 위에 놓는다.
3. 머리를 가슴보다 낮게 하여 아기를 안은 팔을 허벅지에 고정시킨다.
4. 손바닥으로 영아의 등을 강하게 5회 두드린다.

가슴 압박하기 5회

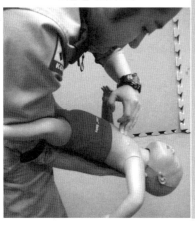

1. 만일 이물질이 나오지 않으면 아이를 다시 뒤집어 손으로 영아의 뒷머리를 받친 후 양팔 사이에 놓고 머리를 가슴보다 낮게 한 상태에서 다리로 영아의 등을 지지한다.
2. 양쪽 유두 연결선과 흉부 중앙이 만나는 지점 바로 아래를 검지와 중지 두 손가락으로 5회 압박한다.
3. 아기의 양쪽 볼을 살짝 눌러 입안의 이물질을 확인하고 확실히 보이는 것만 제거한다. 이물질이 배출되거나, 힘차게 숨을 쉬거나, 기침을 할 때까지 반복해서 실시한다.

출혈 응급처치

생각지도 못한 일이 발생하여 출혈이 일어난다면 어떻게 해야 할까? 내 아이가 칼이나 날카로운 물건에 베어서 피가 난다면? 갑자기 교통사고가 나서 피가 흘러내린다면? 다른 사고와 달리 새빨간 출혈을 동반하는 사고의 경우 환자나 지켜보는 사람 모두 더 많이 당황하게 된다. 뿐만 아니라 환자의 경우는 갑작스러운 출혈로 정신이 아득해질 수 있고 쇼크도 올 수 있다. 출혈 시 응급처치 방법을 배운다면 침착하게 대응할 수 있을 것이다.

- 출혈이 있는 상처 부위를 거즈를 대고 압박한다(단, 뼈가 부러진 부위나 이물질이 박힌 부위는 제외).
- 출혈 부위를 심장보다 높게 위치시킨다.
- 출혈이 계속되면 처치된 거즈를 제거하지 말고 그 위에 새 거즈를 덧댄 후 압박한다.
- 출혈이 심하지 않을 경우 상처 부위를 깨끗한 물로 씻어내 이물질을 제거한다.
- 출혈이 심할 경우에는 출혈 부위를 즉시 압박하고 거즈를 대고 붕대로 감아준다.

코피 응급처치

열심히 공부하던 자녀의 코에서 갑자기 피가 나는데 멈추지 않으면 당황스럽다. 다음과 같이 응급처치를 해야 한다.

- 고개를 앞으로 숙인 상태에서 입으로 숨을 쉰다.
- 콧볼 위 움푹 파인 부분을 지그시 5분 이상 누른다.
- 목덜미 또는 콧등을 냉찜질해 혈관을 수축시킨다.
- 거즈를 이용해 콧구멍을 3분 가량 막아준다.
- 혈액이 목으로 넘어가 폐흡인을 초래할 수 있으므로 머리를 뒤로 젖히지 않는다.
- 입으로 넘어온 피는 오심, 구토 등을 유발할 수 있으므로 삼키지 않고 뱉어낸다.
- 코를 푸는 행동은 코에 압력을 가해 지혈을 지연시키므로 삼간다.

골절 응급처치

축구나 야구 등 운동을 하다가 골절을 입는 경우가 많다. 이럴 때 배워둔 응급처치가 있다면 증상을 악화시키지 않고 빠르게 회복할 수 있다.

- 눈으로 손상된 부위에 증상이 있는지 확인하고 손으로 조심스럽게 만져본다.
- 골절된 부위는 다른 한쪽에 비해 길이가 짧거나 길어져 있다.
- 움직임이 없어야 하는 부위에서 움직임이 관찰되면 골절을 의심한다.
- 출혈이 있을 경우 지혈을 실시한다.
- 손상된 부위의 움직임을 최소화하고 가능하다면 부목을 적용한다.
- 필요하다면 통증 감소를 위해 냉찜질을 실시한다.

궁금해요 안전교육 어디서 받을 수 있나요?

안전교육은 현재 전국 10곳의 안전체험관에서 받을 수 있다. 수도권 3곳, 영남권 2곳, 전라권 1곳, 충청권 3곳, 강원권 1곳이다. 이용방법은 전화나 홈페이지로 문의하면 자세히 알려준다.

전국 안전체험관 현황

	구분	위치	운영	주요시설	이용가능 연령	홈페이지 전화 문의
수도권	광나루 안전 체험관	서울시 광진구 능동로 216	서울소방 재난본부	지진, 태풍 체험장 등 20종	6세 이상	safe119. seoul.go.kr 02)2049- 4061
	보라매 안전 체험관	서울시 동작구 여의대방로 20길 33	서울소방 재난본부	지진, 태풍, 화재, 교통사고 체험장 등 20종	중학생 이상 청소년 및 성인 ※초등학생 및 장애인은 보호자 동반	safe119. seoul.go.kr 02)2027- 4100
	어린이 안전교육관	서울시 송파구 성내천로 35 길 53	한국 어린이 안전재단	화재, 교통안전시설, 엘리베이터 안전시설, 가정안전, 식생활안전	6세 이상 초등학교 1, 2학년 이하	www. isafeschool. com 02)406- 5868
영남권	대구시민안전 테마파크	대구시 동구 팔공산로 1155	대구 소방본부	지하철, 생활안전, 방재미래관 등	체험별 상이 (6세 이상)	safe119. daegu.go.kr 053)980- 7777
	부산119 시민안전 체험교실	부산시 연제구 고분로 346	부산소방 안전본부	지진, 화재, 생활안전 체험시설 등	유치원, 초중고 및 일반인	edu119. busan.go.kr 051)760- 5971
전라권	전북119 안전 체험센터	전라북도 임실군 임실읍 호국로 1630	전북소방 안전본부	화재, 교통, 태풍, 생화학안전, 방사능 등 종합 체험동, 위기탈출 체험동, 어린이 안전마을 등	체험별 상이 (5세 이상)	safe119. sobang.kr 063)290- 5675
충청권	대전119 시민 체험센터	대전시 서구 복수서로 63	대전 소방본부	화재, 암흑탈출 및 농연탈출 체험 등	6세 이상 어린이 및 성인	www.1365. go.kr에서 예약 후 사용 (042)609- 6884~8
	충북 도민 안전체험관	충청북도 청주시 흥덕구 풍년로 180 번길 37-1	충북 소방본부	화재, 풍수해 체험, 이동안전 체험차량 등	도민	cb119. chungbuk. go.kr 043)234- 2387

출혈 응급처치

	충북 학생교육 문화원 어린이 체험관	충청북도 청주시 상당구 교서로 17	충북 교육 문화원	생활, 소방, 지진, 교통, 풍수해 체험시설 등	7세 이상 초등학교 3학년 이하	safe.cbsec. go.kr 043)256- 5226
강 원 권	강원 태백 365 세이프 타운	강원도 태백시 평화길 15	태백시	산불, 설해, 풍수, 지진, 대테러, 키즈랜드 등	체험별 상이 (48개월 이상)	www. 365 safetown. com 033)550- 3101

요구조자를 대하는 나의 자세

어느 5월 마지막 날 고령의 목소리의 할머니가 119에 신고전화를 했다.

"119죠? 여기 ○○동 △△편의점 앞인데 애가 아파요."

"아이가 어떻게 아픕니까?"

"애가 갑자기 배가 아프다고 하네요."

"네, 알겠습니다. 아이가 몇 살이죠?"

"42살이요. 빨리 오세요."

"(아이가 42살?)네, 빨리 출동하겠습니다!"

아이가 아프다고 해서 당연히 어린아이인줄 알았는데 중년의 남자였다. 우리 어머니의 눈에 자식은 모두 아이이니 그럴 만도 하다. 할머니가 자신의 아들이 많이 아파서 걱정이 되신 모양이다. 할머니 입장에서는 험한 세상 마흔이 넘은 자식도 아직은 어린아이로 보이는 것은 당연한 일이라고 생각한다. 부모님의 눈에 자식은 항상 사랑과 관심의 대상이다. 언제나 자식이 잘 되고 건강하고 잘 살기를 바라는 것이 모든 부모의 마음일 것이다.

평소 나는 현장에 출동할 때면 늘 내 가족이 아프고 위험한 상황에 처했다고 생각하며 응급처치를 하고 구조활동을 했다. 그러나 이 할머니와의 통화 후 내가 요구조자를 대하는 마음가짐이 하나 더 추가되었다. 나이가 적든 많든 누구나 어느 집의 귀한 '아이'임을 명심하고 임하는 것이다. 자신이 죽을 때조차 자식들이 힘들지 않게 죽어야 한다고 말씀하시는 우리네 노부모들의 마음을 헤아리며, 오늘도 나는 '아이'를 도와주러 출동한다.

어린이 안전사고 응급처치

봄철에는 학교의 개학과 입학이 이뤄지는 시기라 이곳저곳에 들뜬 아이들이 많다. 또한 가정의 달 5월에는 가족들의 나들이가 잦다. 이렇게 야외활동이 많은 시기에 어린이 안전사고가 발생할 확률이 크다. 소방서에서는 이러한 어린이 안전사고를 예방하기 위해 어린이를 대상으로 소방안전교육을 실시하고 있다. 가까운 소방서에 견학 및 교육을 신청하면 친절하게 안내해준다.

전라남도 ○○소방서 소방관들은 △△동 소재 A아파트에서 어린이가 유아의자에 끼었다는 신고를 받고 긴급출동해 어린이를 무사히 구출했다.

인천시 청천동 소재 ××아울렛에서 어린이가 에스컬레이터 틈새

어린이들과 함께한 소방안전체험

에 발이 끼이는 사고가 발생했다. 구조대와 구급대가 현장에 도착
했을 당시 요구조자 예모(9) 군은 3층에서 2층으로 내려오는 에스
컬레이터 틈새에 좌측 하지 발등 부분까지 끼여 있는 상황이었다.
구조대는 핸드그라인더를 이용해 에스컬레이터 상판 일부를 제거
한 후 유압구조장비를 이용해 공간을 확보하고 어린이를 구조했
다. 또 구급대는 현장에서 어린이를 응급처치 한 후 인근 병원으로
이송했다.

최근 3년간 어린이 위해 발생장소 현황

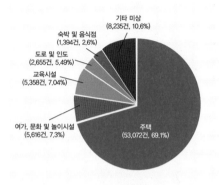

출처: 한국소비자원

기타 미상
(8,235건, 10.6%)

숙박 및 음식점
(1,394건, 2.6%)

도로 및 인도
(2,655건, 5.49%)

교육시설
(5,358건, 7.04%)

여가, 문화 및 놀이시설
(5,616건, 7.3%)

주택
(53,072건, 69.1%)

가정에서
어린이 안전사고가
가장 많이 발생!
보호자의 주의가
필요하다

안전사고가 가장 많이 발생한 곳은 주택으로 전체의 69.1%(53,072건)를 차지하였고, 다음으로 여가, 문화 및 놀이시설이 7.3%(5,616건). 교육시설이 7.0%(5,338건), 도로 및 인도가 3.4%(2,635건) 등으로 뒤를 이었다.

어린이 응급처치

한국소비자원이 최근 3년간(2013~2015년) 소비자위해감시시스템을 통해 수집한 어린이 안전사고 총 76,845건을 분석한 결과, 연령대별로는 1~3세 걸음마기 때 가장 많이 다치는 것으로 나타났다. 아무래도 한창 걷고 서는 것을 연습할 때라 안전사고가 잦을 수밖에 없다. 이어 4~6세의 안전사고가 전체의 21.6%, 7~14세가 19.6%, 1세 미만 8.7%의 순으로 나타났다. 안전사고가 발생하는 장소는 69.1%가 집인 것으로 나타났다.

또한 한국소비자원의 통계에 따르면 중상 이상의 어린이 안전사고는 놀이터에서 많이 발생했다. 미끄럼틀, 그네 등 기타 놀이 시설에서 발생한 사고만 128건으로 전체의 23.4%였다. 그 외에 집 안에서 사용하는 가구로 인해 발생한 사고가 14.8%, 자전거와 유모차 등의 기타 승용물로 인한 사고가 5.1% 순으로 나타났다. 특히 중상 이상의 치료기간을 요하는 큰 사고로 많이 이어지는 자전거 사고는 안전모, 보호대 등을 착용하면 충분히 예방할 수 있는 것인 만큼 보호자의 관심과 주의가 요구된다.

중상 이상의 어린이 안전사고 사례

출처: 한국소비자원

	물품명	2011년	2012년	2013년	합계
놀이터 (23.4%)	놀이터용 미끄럼틀	9	16	12	37
	기타 놀이터 시설	15	15	6	36
	놀이터용 기어오르기 시설	10	6	10	26
	놀이터용 그네	11	9	4	24
	유아용 미끄럼틀	2	2	1	5
가구 (14.8%)	소파	17	3	5	25
	의자	14	5	5	24
	침대	3	5	14	22
	책상	1	3	1	5
	탁자	0	0	3	3
	식탁	1	1	0	2
기타 승용물 (5.1%)	어린이 자전거	11	3	6	20
	기타 승용물	3	1	0	4
	일반 자전거	1	1	0	2
	유모차	0	1	1	2
기타		146	86	79	311
합계		244	157	147	548

1세 미만 영아기 부모의 행동요령

영아기에는 특히 침대, 소파 등에서의 추락사고가 많다. 영아기의 안전사고 6,678건 중 침실 가구, 유아용 가구 등에 의한 추락이 3,256건으로 전체의 48.8%를 차지한다. 이는 하체에 비해 상체가 무거운 영아기의 특성상 추락사고 시 머리부터 부딪혀 뇌진탕 등 중상을 입는 경우가 많기 때문이다.

- 침대 추락사고가 가장 많이 발생하므로 영아를 성인용 침대에 혼자 두지 않는다.
- 작은 부품이 있는 완구나 물건, 생활소품 등은 아이 주변에 두지 않도록 주의한다.
- 특히 단추형 전지나 강력 자석은 단시간 내 장내 손상 및 사망 등 위해를 유발할 수 있어 전지 및 전지를 사용하는 제품의 관리에 주의한다.
- 유모차로 이동 시에 반드시 안전벨트를 채워 아이가 떨어지지 않도록 주의한다.
- 압력밥솥, 냄비와 같은 뜨거운 물건을 아이들의 손이 닿는 바닥에 놓지 않도록 한다.

어린이 응급처치

1~3세 걸음마기 부모의 행동요령

걸음마기에 일어나는 사고는 미끄러지거나 넘어지는 사고와 가구 부딪힘 사고가 절반을 넘는다. 걸음마기의 안전사고 38,524건 중 바닥재와 계단 등에 의한 미끄러짐 혹은 넘어짐이 10,813건으로 전체의 28.1%를 차지했고 침실이나 거실 가구 등에 의한 부딪힘이 9,663건으로 전체의 25.1%를 차지했다. 걸음마기는 몸통이 머리에 비해 빠르게 성장해 몸의 균형이 잡히며, 이동 능력이 발달하여 다양한 움직임이 가능해지는 시기다. 따라서 영아기의 추락사고는 줄어들고 아이의 활발한 움직임으로 인한 미끄러짐, 부딪힘 등의 사고가 눈에 띄게 늘어난다.

- 방, 거실 등에서 넘어지거나 미끄러지는 사고가 가장 많이 발생하므로 가정에서 가급적 맨발로 생활토록 하고 바닥의 물기를 제거한다.
- 가정용 화학제품, 의약품 등은 아이의 손에 닿지 않는 곳에 보관한다.
- 고데기, 헤어드라이기, 전기압력밥솥, 다리미 등 고온의 제품 사용 시 아이가 접근하지 못하도록 하고, 사용 후에는 아이의 손이 닿지 않는 곳에 보관한다.
- 엘리베이터와 자동문 이용 시 손이 끼이거나 문에 부딪힐 수 있으므로 반드시 보호자와 함께 이용한다.

- 창문, 방문 등에 손 끼임 방지 보호대 및 경첩 끼임 방지장치 등을 설치하여 아이들의 끼임 사고를 예방한다.
- 작은 부품이 있는 완구나 물건 등을 삼키지 않도록 주의하고 사용연령에 맞는 장난감을 구매하여 사용한다.

4~6세 유아기 부모의 행동요령

유아기의 안전사고는 걸음마기의 주요 안전사고와 비슷한 양상을 보인다. 아이의 활동반경이 넓어지고 활동에 자신감이 붙기 때문에 쉽게 안전사고가 발생한다. 이 시기의 안전사고 16,580건 중 바닥재, 계단 등에 의한 미끄러짐이나 넘어짐이 5,055건으로 전체의 30.5%을 차지했고 침실이나 거실 가구 등에 의한 부딪힘이 3,848건으로 전체의 23.2%를 차지했다.

- 이 시기의 아이들은 호기심이 많고 통제가 잘 되지 않아 침대, 의자, 식탁, 소파 등에서 추락하는 사고가 자주 일어나므로 아이들이 가구에 올라가서 놀지 못하도록 한다.
- 베란다에 가구나 발판 등 아이들이 딛고 올라갈 수 있는 물건을 놓지 않는다.
- 작은 부품이 있는 완구나 물건 등을 삼키는 사고가 자주 일어나므로 아이들이 가지고 노는 완구 등이 안전기준에 적합한지

여부를 반드시 확인하고 놀게 한다.

- 마트 등에서 어린이를 쇼핑카트에 태울 때에는 추락으로 인한 뇌진탕 등 사고 예방을 위해 반드시 보호자가 카트 가까이에 있도록 하고 어린이가 카트 안에서 일어나지 못하도록 주의시킨다.

- 에스컬레이터 이용 시 긴 옷이나 신발끈, 고무 샌들 등이 에스컬레이터 틈새에 끼이지 않도록 주의하고, 반드시 노란색 안전선 안에 보호자와 함께 이용하도록 한다.

7~14세 취학기 부모의 행동요령

취학기 때에는 자전거 등의 스포츠 용품 이용에 따른 실외사고가 급증한다. 취학기의 안전사고 15,063건 중 자전거, 바닥재, 인라인 스케이트 등에 의한 미끄러짐이나 넘어짐이 4,966건으로 전체의 33.0%를 차지했다. 사고 유형은 미끄러짐이나 넘어짐, 부딪힘, 추락 등으로 다른 연령대와 비슷하나 주요 위해품목이 자전거, 인라인 스케이트, 스쿠터 등 실외품목이 눈에 띄게 증가해 차이가 있다. 취학기에는 야외 스포츠 및 레저 활동이 활발해지는 시기로 스포츠 시설 이용 시 안전수칙을 준수하고 이에 대한 정기적이고 지속적인 교육이 필요하다.

- 키즈카페에서 트램펄린, 에어바운스 등의 실내 놀이시설을 이용할 때 시설의 보험 가입 여부 및 상태 등을 꼼꼼히 살피고, 아이에게는 안전수칙을 준수할 수 있도록 지도한다.
- 스케이트보드, 자전거, 인라인스케이트, 스쿠터 등을 이용할 때 안전모와 무릎 보호대, 팔꿈치 보호대 등 보호장구를 꼭 착용하도록 한다.
- 아이의 장난이 심해지는 시기이므로 애완동물 물림사고도 각별히 주의한다.
- 학교와 학원 등 교육시설에서의 안전사고 예방 수칙을 잘 지키도록 교육한다.

어린이 약물 중독사고 예방 행동요령

어린이 약물 중독사고 주요 위해품목

단위: 건, %, 출처: 한국소비자원

구분	건수	비율
의약품	225	31.9
청소 및 세탁용품	90	12.8
가공식품	83	11.8
살균(살충) 소독제	60	8.5
애완 동·식물 및 용품	44	6.2

축산 · 수산물 식품	29	4.1
매니큐어 용품	24	3.4
연료 및 전지	15	2.1
세정용 화장품	14	2.0
자동차 관련 용품	12	1.7
체온계	10	1.4
기초 화장용 제품	10	1.4
방향제	9	1.3
기타	80	11.4
총계	705	100.0

한국소비자원이 발표한 최근 3년간(2013~2015년) 통계에 의하면 어린이 약물 중독사고는 총 705건이었다. 중독사고는 걸음마기에 전체의 60% 이상이 일어나 이 시기에 보호자의 주의가 가장 필요하다. 중독사고가 일어난 주요 위해품목으로는 의약품이 31.9%로 가장 많아 약물 보관에 더욱 유의가 필요한 것으로 나타났다.

미국의 약물관리센터로 보고되는 어린이 약물 중독사고에 따르면, 수도나 대도시보다는 농촌 지역에서 약 세 배 정도 더 많이 발생하며 중독사고의 80~90%가 가정에서 일어난다. 매년 4세 이하 어린이 40명 이상이 가정용품과 약물로 인한 비고의적 중독사고로 사망한다.

• 유독성 제품은 음식물과 분리해 두어야 한다.

- 유독성 제품을 보관할 때에는 어린이의 눈에 띄지 않는 곳에 자물쇠로 잠가 보관한다.
- 모든 가정용 위험물을 원래의 용기에 보관한다.
- 사고 발생 시 의사가 알아야 할 중요한 사항이 적혀 있기 때문에, 제품에 붙어있는 유의사항 라벨을 절대로 제거하지 않는다.
- 어린이의 손이 쉽게 닿을 수 있는 곳에 화장품, 머리 손질약품, 매니큐어 리무버 등이 있는지 확인한다.
- 가능하면 어린이 중독방지 포장이나 용기의 제품을 구입한다.
- 어린이가 보는 앞에서 아무 약이나 먹지 않는다.

미아 예방 행동요령

공원이나 놀이공원은 아이도 좋아하고 부모도 좋아하기에 아이를 키우면서 종종 찾는 장소이다. 그러나 사람이 많고 복잡한 경우가 많아 조금만 방심하면 아이를 잃어버리기 쉬운 장소이기도 하다. 모처럼의 즐거운 나들이가 악몽으로 변하지 않도록 어린이 미아 방지를 위한 예방이 필요하다.

- 자녀와 항상 함께 다니고 자녀를 혼자 집에 있게 하지 않는다.
- 나이, 이름, 주소, 연락처, 부모님 이름 등을 기억하도록 가르친다.

미아 예방 3단계 구호

출처: 보건복지부

1단계

멈추기

아이가 일단 길을 잃었거나 부모님과 헤어지면
제자리에 서서 기다리게 한다.
엄마아빠 역시 자녀가 사라지면 왔던 길을 되짚어 간다.

2단계

생각하기

혼자 부모님을 기다리며 서 있는 것은 쉬운 일이 아니지만,
자신의 이름과 연락처 등을 생각하며 기다리게 한다.
자신과 부모님 이름, 사는 주소를 기억하도록 노력한다.

3단계

도와주세요

부모님을 찾으러 갈 수 없을 때나 자녀가 길을 잃었을 경우,
주위 사람들에게 도움을 요청하도록 교육한다.
가까운 공중전화 '긴급통화 112'를 눌러 경찰에게 도움을 요청하도록 한다.

- 자녀의 신상정보는 겉으로 잘 보이지 않는 곳에 기입하거나 넣어둔다.
- 위급상황 시 대처방법을 알려주고 몇 번씩 같이 연습해본다.
- 미아 예방 3단계 구호(멈추기, 생각하기, 도와주세요)를 암기 시키고 실전처럼 해본다.
- 부모와 헤어졌을 때는 돌아다니지 않고 제자리에 멈춰 서 있게 가르친다.
- 길이 어긋나 못 만났을 경우 부모에게 전화하거나 경찰에게 도움을 요청하도록 가르친다.

실종아동예방 이것만은 알아둡시다.

목걸이, 팔찌, 이름표 등 인식표를 활용하세요. ⊙

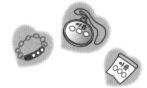

아이가 말을 잘 하지 못할 때 활용합니다.
- 연락처가 적힌 목걸이, 팔찌, 이름표 등 인식표를 항상 착용 시킵니다
  ➜ 단, 유괴발생 방지를 위하여 인식표가 바깥으로 쉽게 드러나지 않도록 하는 것이 좋습니다.

자녀에 관한 정보들을 기억해 주세요. ⊙

자녀의 키, 몸무게, 생년월일, 신체특징, 버릇 등 상세한 정보를 알아두는 것은 실종아동 예방 및 발생시 유용하게 활용될 수 있습니다.

자녀의 하루일과와 친한 친구들을 알아두세요. ⊙

집에 오지 않는 아이를 신속히 수소문할 수 있는 방법입니다.
- 아이가 누구와 놀고 있는지를 알아두어야 합니다.
- 외출할 때에는 행선지 등을 물어보고 귀가시간 약속 등을 지키도록 가르칩니다.

정기적으로 자녀사진을 찍어두세요. ⊙

성장이 빠른 아이들 사진을 정기적으로 찍어 보관합니다.
- 너무 오래된 사진은 찾기에 도움을 줄 수 없습니다.

어린이 응급처치

궁금해요 미아방지를 위한 아동 지문사전등록제

아동 지문사전등록제란 아동이 실종되었을 때를 대비해 미리 아이의 지문과 사진, 보호자 인적 사항 등을 경찰에 등록하고, 실종 시 등록된 자료를 토대로 아이를 신속히 발견해 보호자에게 인계할 수 있도록 한 제도이다. 이 제도는 2012년 2월 실종 아동법 개정으로 도입되었다. 혹시 모를 만일의 자녀의 사고에 대비해 우리 아이를 쉽게 찾을 수 있는 지문사전등록제를 신청하자. 이용방법은 3세 이상이 되면 지문을 사전등록하고 6개월마다 정보를 업데이트하면 된다. 가까운 경찰서에 문의하면 자세히 알려준다. 시간이 없다면 경찰청 홈페이지에서 온라인으로도 신청할 수 있다. 실제로 경찰청 통계에 따르면 일반 실종아동을 찾는데 평균 86.6시간이 걸리는 반면, 사전에 지문 등록을 한 아동을 찾는 데에는 평균 1시간이 채 걸리지 않는다고 한다.

어린이 유괴 예방 행동요령

유괴범은 낯선 사람을 포함하여 아이들과 안면이 있거나 심지어 부모와도 잘 알고 있는 사람일 수도 있다. 따라서 부모는 아이에게 낯선 사람을 경계하도록 가르치는 것뿐만 아니라, 아는 사람이라도 무작정 따라가지 않고 부모에게 먼저 말하고 이동하는 습관을 갖도록 교육해야 한다.

부모의 행동요령

- 비상 시를 대비하여 자녀의 친구나 그 가족들, 주변 사람들을

미리 알아둬야 한다.

- 자녀의 이름, 주소, 전화번호 등은 눈에 띄는 곳에 적어놓지 말고 옷 안, 신발 안, 가방 안 등에 보이지 않는 곳에 적는다.
- 어린이를 차 안, 유모차, 공중 화장실 등에 절대 혼자 있게 하지 않는다.
- 어린이에게 차가 접근하면 차량 근처로 가지 않게 한다.
- 누군가 억지로 데려가려고 할 때 "안돼요! 싫어요! 도와주세요!"라고 외치도록 가르친다.
- 자녀들이 어디에 있는지 항상 관심을 갖고 지켜본다.

어린이 자신의 행동요령

- 누군가 강제로 데려가려고 하면 "안돼요! 싫어요! 도와주세요!"라고 소리치며 발버둥 친다.
- 밝고 환한 곳에서 친구들과 함께 놀고 어둡고 근처에 사람이 다니지 않는 으슥한 곳에는 가지 않는다.
- 낯선 사람이 이름, 사는 곳, 전화번호를 물어보면 절대 알려주지 않는다.
- 아는 사람이 같이 가자고 해도 따라가지 말고 부모님께 먼저 말씀드리고 허락을 받는다.
- 만약 집에 혼자 있을 때 누군가 찾아오면 조용히 하고 아무도 없는 척 한다.

- 만약 말을 하게 되었다면 지금 부모님이 바쁘시니 나중에 오시라고 전한다.

아동 **유괴** 예방을 위해 이것만큼은 꼭 가르쳐주세요.

낯선 사람을 따라가지 않도록 주의시키세요. ⊙

구체적인 예를 들어 설명합니다.

- "엄마가 교통사고 나서 입원했어, 빨리 가보자"
- (차안에서) "학교(병원·학원 등)를 찾는데 도와줄래"
- "친구들이 저기서 너 기다리고 있던데 같이 가자"
- "엄마 친구야, 아줌마랑 엄마 한테 같이 가자"
- "집이 같은 방향이야 태워다 줄게"

아이에게 이름과 나이, 주소, 전화번호, 부모 이름 등을 기억하도록 가르치세요. ⊙

단순히 길을 잃었을 때에는 이름과 연락처 등을 아는 것이 큰 도움이 됩니다. 평소 아주 익숙해지도록 반복해서 연습시켜 주도록 합니다.

위급상황 시 대처방법을 알려주고 충분히 연습하세요 ⊙

실종아동 발생 상황을 아이와 함께 연출과 연극을 해봅니다.

- 쇼핑몰이나 공원등에서 길을 잃을 경우
  - 그 자리에 멈춰 서서 기다리게 하고
  - 주위 어른들이나 경찰관에게 도움을 요청하는 연습 등
- 아이가 전화할 수 있다면, 공중전화 등으로 전화하고 182·112에 신고하도록 가르칩니다.

밖에 나갈 때는 누구랑 어디에 가는지 꼭 이야기하도록 가르치세요. ⊙

아이가 잠시 놀러나갈때도 반드시 어디서, 누구랑, 언제까지 놀것인지 알리고 나가도록 합니다.

4장

계절별 재난과
응급처치

봄철 재난과 응급처치

|

봄에는 겨우내 움츠렸던 몸과 마음을 활짝 펴는 계절이다. 하지만 봄이라고 해서 재난은 비껴가지 않는다. 봄철에는 황사, 미세먼지, 산불 등의 재난이 많이 일어나고 새학기가 시작되기 때문에 어린이 안전사고가 많이 일어난다.

황사 · 미세먼지가 인체에 미치는 영향

봄철에는 황사로 인한 호흡기 질환에 유의해야 한다. 중국에서 한반도로 날아온 바람에 섞여있는 흙먼지를 황사라고 한다. 최근 문제가 되고 있는 미세먼지는 입자의 크기가 $10\mu m$ 이하인 먼지를 말한다. 미세먼지는 중국의 자동차 배기가스 등의 대기오염 물질이 바람과 함께 날아와 발생한다. 국내의 대기오염에 의해서 발생하기도 하지만 대부분은 중국의 영향이 크다. 스모그는 대기오염 물질과 안개가 섞여서 만들어진 것을 말한다.

영국 〈인디펜던트〉는 세계보건기구(WHO)의 연구자료를 인용해 대기오염으로 전 세계에서 연간 550만 명이 사망하고 있다고 보도

했다. 대기오염에 따른 사망자 수가 비만, 약물 남용의 경우보다도 많은 것이다. 어린이들의 피해도 만만치 않다. 2016년 유엔아동기금(UNICEF)의 보고서에 따르면 전 세계 5세 이하 어린이 가운데 60만 명이 매년 대기오염과 연관된 질병으로 숨진다. 대기오염은 어린이뿐만 아니라 임신부 뱃속에 있는 태아에게도 악영향을 주는 것으로 나타났다. 임신부가 오염물질에 장기간 노출되면 유산, 조산 등을 겪을 수 있다. 산모가 오염된 공기를 마실 때 탯줄을 통해 유해물질이 태아에게 전달될 위험이 있기 때문이다.

뿐만 아니라 2010년 펜실베니아주립대학 연구팀이 〈Human Reproduction〉 저널에 밝힌 연구결과에 의하면 대기질이 불임 치료를 받는 여성의 임신 성공 가능성에 미세한 영향을 미칠 수 있는 것으로 나타났다.

황사주의보와 미세먼지주의보 차이

출처: 환경부, 기상청

	발생원인	예보기관	특보 발표기관	주의보[경보]발령 기준
황사	중국 모래 폭풍	기상청	기상청	황사로 인한 미세먼지 (PM10) 농도가 시간당 평균 400[800]μg/㎥ 이상으로 2시간 넘게 지속될 것으로 예상될 때
미세 먼지	대기 오염 물질	환경부 국립환경 과학원	16개 지방자치단체	미세먼지 농도가 시간당 평균 150[300]μg/㎥ 이상으로 2시간 넘게 지속될 것으로 예상될 때

황사 · 산불 · 졸음운전

황사 · 미세먼지 발생 시 행동요령

공기 속의 미세먼지는 먼지 핵에 여러 종류의 오염물질이 엉겨 붙어 구성된 것으로 호흡기를 통하여 인체 내에 유입될 수 있다. 따라서 장기간 흡입 시 입자가 미세할수록 코 점막을 통해 걸러지지 않고 폐포까지 직접 침투하기에, 천식이나 폐질환의 유병률이 높아지고 조기사망률을 높이기도 한다.

대부분의 연구에 따르면 장기적, 지속적 노출 시 건강에 악영향이 나타나며 단시간 흡입으로는 갑자기 신체변화가 나타나지 않는다고 알려져 있다. 그러나 어린이 · 노인 · 호흡기 질환자 등 민감군은 일반인보다 건강에 미치는 영향이 클 수 있어 더 각별한 주의가 필요하다.

- 어린이 · 노인 · 폐질환 및 심장 질환자는 실외활동을 제한하고 실내활동을 한다.
- 일반인은 장시간 또는 무리한 실외활동을 줄인다. 특히 눈이 따갑고 뻑뻑하거나, 기침 또는 목의 통증이 있는 경우는 실외활동 자제한다.
- 부득이 외출해야 할 경우 황사마스크를 착용한다. 폐 기능 질환자는 의사와 충분한 상의 후 사용한다.
- 교통량이 많은 지역으로의 이동을 자제한다.
- 유치원과 초등학교에서는 실외수업을 자제한다.

- 야외 체육시설의 이용을 자제한다.
- 미세먼지 경보 발령 시에는 유치원과 초등학교의 실외수업을 금지하고 수업단축 또는 휴교한다.

산불 시 행동요령

산림청의 2012년에서 2015년 사이 산불 발생 현황자료에 따르면 2012년 197건이던 산불 발생 건수가 2013년 296건, 2014년 492건, 2015년 623건으로 매년 증가추세를 보인다. 강원도에서만 총 278건의 산불이 나 가장 산불이 많이 발생한 지역으로 꼽혔고, 이외 경북 253건, 경기 215건, 전남 196건으로 높은 산불 발생률을 보였다. 봄철은 건조한 날씨와 강한 바람으로 연중 산불이 가장 많이 발생하는 계절이다.

산림청의 최근 10년간 통계에 따르면 3~4월에 일어나는 산불이 연간 산불 발생 건수의 50%를 차지했고 총 피해면적은 전체의 84%를 차지한다. 지난 2005년에 발생한 강원도 양양의 낙산사 전소 산불 역시 4월이었다. 낙산사와 주요 건물 등의 문화재는 물론이고 인근 호텔 등까지 산불이 번져 그 규모가 컸던 뼈아픈 산불이다.

산불 피해 현황

출처: 산림청 「산불통계연보」

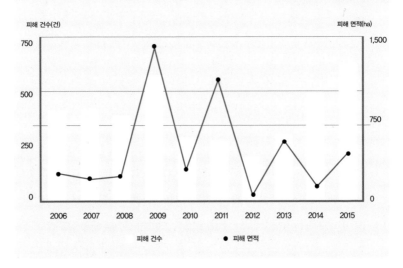

산불 예방 행동요령

- 등산을 할 때에는 성냥이나 라이터 등 화기물을 소지하지 않는다.
- 야영 등 야외에서 취사를 할 때에는 지정된 장소에서 하고, 취사가 끝난 후에는 주변 불씨 단속을 철저히 한다.
- 입산통제구역에는 출입하지 말고 불씨가 남아있는 담뱃불은 절대 버리지 않는다.
- 산림과 인접된 곳에서는 논밭 두렁 태우기, 쓰레기 소각 등 화기 취급을 하지 않는다.
- 달리는 열차나 자동차에서 창밖으로 담뱃불을 버리지 않는다.

산불 발생 시 행동요령

- 산불을 발견했을 때는 119로 신고한다.

- 초기의 작은 산불을 진화하고자 할 경우 외투 등을 사용하여 두드리거나 덮어서 진화할 수 있다.

- 산불 규모가 커지면 위험에 처하지 않도록 산불 발생 지역에서 멀리 떨어진 논, 밭, 공터 등 안전지대로 신속히 대피해야 한다.

- 산불로 위험에 처했을 경우에는 바람을 등지고 주변의 낙엽, 나뭇가지 등 연소물질을 신속히 제거한 후 소방서, 경찰서 등에 신고한 후 낮은 자세로 엎드려 구조를 기다린다.

- 산불이 주택가로 확산될 경우 불씨가 집이나 창고 등 시설물로 옮겨 붙지 못하도록 집 주위에 물을 뿌려주고, 문과 창문을 닫고 폭발성과 인화성이 높은 가스통과 휘발성 가연물질 등은 제거한다.

- 인명피해가 발생하지 않도록 산불이 발생한 산과 근접한 민가의 주민은 안전한 곳으로 대피해야 한다.

- 산불로 주민대피령이 발령되면 공무원의 지시에 따라 신속히 대피해야 한다.

- 산에서 멀리 떨어진 논, 밭, 학교, 공터, 마을회관 등 안전한 장소로 대피한다.

- 혹시 대피하지 않은 사람이 있을 수 있으므로 옆집을 확인하

고 위험상황을 알려준다.

- 재난방송 등 산불상황을 알리는 사항에 집중해 들어야 한다.
- 산불 가해자를 인지하였을 경우 산림부서나 경찰서에 신고해야 한다.

생명을 구하는 땀방울

2015년 6월 7일 오후 5시 30분쯤 구리시 아차산에 불이 났다. 출동하고 있는 소방차에서 멀리 산불이 보인다. 검은 연기가 산 중턱에서 점점 하늘로 높이 올라간다. 드디어 산 밑에 소방차가 도착했다. 6월이라 날씨가 무덥다. 이런 날씨에 두꺼운 방화복을 입고 무거운 방수화를 신고 산에 올라가는 것 자체가 고역이다. 일반인의 등산복, 등산화 차림과 달리 소방관의 차림으로 산에 올라가는 일은 몇 배나 힘든 일이다. 산불이 난 곳이 큰 길 옆이라면 소방차에서 바로 소방호스를 전개해서 끄면 되지만 오늘 화재는 8부 능선에서 발생했다. 산불 진압장비로 물 15리터가 들어가는 등짐펌프와 삽까지 메고 올라가야 하는 상황이다. 등반하는데 숨이 턱에 걸린다. 다행히 소방서에서 산불 진압에 필요한 헬기를 신속히 요청해줬다. 소방 헬기 한 대와 산림청 헬기 한 대가 도착했다. 우리는 산불이 난 지점에서 무전으로 물을 뿌리는 지점을 알려준다. 소방 헬기가 상공에서 선회하면서 물을 뿌린다. 떨어지는 물은 하늘에서 내리는 비라고 생각할 수 있는데 전혀 그렇지 않다. 이때 떨어지는 물은 하늘에서 주먹만 한 우박이 떨어진다고 생각하면 딱 맞다. 온몸을 따갑게 하는 물을 견디며 버텨야 한다. 그럴게 헬기가 수회 물을 뿌리고 나서야 드디어 산불이 진압되었다. 나머지 잔불은 우리가 메고 올라온 등짐펌프로 꺼서 조그만 불씨도 남아있지 않도록 한다. 산 중턱의 불이라 소방차로 불을 끌 수 없어 힘들었지만 다행히 신속하게 출동한 헬기가 있어서 빨리 진압할 수 있었다.

기본적으로 산불에 대한 화재 예방과 화재 진압은 산림청과 시도의 주관부서에서 담당한다. 하지만 산불에 대한 주관부서가 아니라고 뒷짐 지고 있을 소방관이 아니다. 산불이 나면 가장 먼저 달려갈 뿐더러 산불이 나기 전, 매년 산림청이나 시도 유관기관과 산불 진압훈련도 한다.

내가 근무하는 구리시에는 세계문화유산인 조선왕릉이 있다. 바로 조선시대의 임금 일곱 명과 왕비와 후비 등을 안장한 왕릉인 동구릉이다. 태조의 건원릉을 시작으로 조선시대 왕족이 하나의 군락을 이루고 있는데 이 왕릉 옆에 있는 정자각은 보물로 지정되어 있다. 우리는 매년 봄가을, 이곳 동구릉에서 산불 진압훈련과 문화재 소실을 막는 훈련을 병행하여 실시한다. 이번 동구릉 산불 진압훈련에도 어김없이 방화복을 입고 방수화를 신고 실전과 같은 훈련을 했다. 방화복은 통풍이 안 되는 구조이기에 10분만 입고 있어도 땀이 비 오듯 흐른다. 힘들고 덥지만 화재 진압훈련이나 산불 진압훈련에서도 예외 없이 방화복을 입고 훈련을 한다. 훈련은 실전이기 때문이다. 이번 훈련에서 흘린 땀이 언젠가 화재현장에서 한 사람의 생명을 구할 수 있다고, 나는 믿는다.

졸음운전 사고 시 행동요령

2016년 3월 11일 오전 9시 30분께 ○○군 △△면 ××경찰서 인근 도로에서 운전기사 A씨의 과실로 시내버스가 도로 옆 방호벽을 들이받아 승객 11명이 다쳐 인근 병원으로 이송돼 치료를 받았다. 과실은 졸음운전이었다. 나른한 봄철, 갑자기 따뜻하게 변한 날씨에 전신이 노곤하고 졸리다. 운전대를 잡아도 졸음이 쏟아진다. 졸음운전 사고를 막기 위해서는 무엇보다 충분한 휴식과 수면이 필요하다. 고속도로를 이용하고 있다면 졸음쉼터나 휴게소에서 충분히 휴식을 취하고 운전하는 것이 좋다.

2014년 도로교통공단 교통사고종합분석센터에서는 졸음운전 사고에 대한 주의가 요구되는 봄철을 맞이하여 졸음운전 교통사고 특성을 분석하였다. 그 결과 지난 5년간(2008~2012년) 봄철 졸음운전으로 인한 교통사고는 총 3,219건이 발생하여 160명이 사망하고 6,343명이 부상당한 것으로 나타났다.

교통사고 발생 시 행동요령

- 위험물질 수송차량과 사고가 났을 경우 사고지점에서 빠져 나와 대피한다.
- 화재가 발생한 경우가 아니고는 부상자를 건드리지 않는다.
- 구조대의 활동이 본격적으로 시작되면 구조에 참여하지 말고 사고현장에서 물러나야 한다.
- 사고현장에서는 유류나 가스가 누출되어 화재가 발생할 위험성이 있으니 담배를 피우지 않는다.

스쿨존에서 운전자의 행동요령

어린이보호구역에서는 어린이가 왕!!

어린이 보호구역 내 교통법규위반 2배 **높게**

어린이보호구역 위반 범칙금

위반 행위		벌점	범칙금 (승용 기준)
신호 위반		30	12만원
보행자보호 의무위반	횡단보도	20	12만원
	일반보도	없음	8만원
통행금지 · 제한위반		없음	8만원
속도 위반	40km/h 초과	60	12만원
	40~20km/h	30	9만원
	20km/h 이하	15	6만원
불법 주 · 정차		없음	8만원

어린이보호구역
SCHOOL ZONE
(30) 여기부터 300m 속도를 줄이시오

'어린이보호구역' 내
오전8시~오후8시 사이에
불법 주·정차, 신호위반,
보행자보호의무 불이행 등

위반행위
범칙금 · 벌점 2배 상향

어린이의 안전한 승 · 하차 보호

⊘ 일반차량 : 일시정지 및 앞지르기 금지
🚌 어린이통학버스 등 : 안전확인 후 출발

 잠깐! 먼저 알아두세요~!

"어린이통학버스 등"이란?

어린이통학버스와
어린이통학용 자동차를
말합니다.

※ 어린이통학용 자동차:
학원·유치원·어린이집
등에서 어린이 통학 등에
이용되는 자동차

어린이통학버스 위반 범칙금

구 분	위반내용	벌점	범칙금 (승용 기준)
어린이 통학버스 (신고차량)	• 통학버스가 점멸표시 정차 중일 때 일시정지 및 앞지르기 등 금지	10점	5만원
	• 어린이(유아)가 승하차 시 안전 확인 후 출발 의무	15점	7만원
	• 보호자(보조교사) 탑승 의무 위반	없음	7만원
어린이 통학용자동차 (미신고차량)	• 성년의 동승자가 없을 시 운전자가 하차하여 어린이의 안전 확인 후 출발	없음	7만원

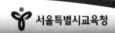

🔵 서울특별시 SEOUL METROPOLITAN GOVERNMENT　　서울지방경찰청 SEOUL METROPOLITAN POLICE AGENCY　　서울특별시교육청

황사 · 산불 · 졸음운전

- 스쿨존에서는 30km 이내로 서행한다.
- 스쿨존에서는 어린이들의 시선을 막는 불법 주·정차를 해서는 안 된다.
- 정지선을 꼭 지키고 급제동이나 급출발을 하지 않는다.
- 어린이가 도로를 건널 때는 어린이와 눈을 맞추고 멈춘다.
- 어린이들은 보행신호가 들어오면 바로 길을 뛰어서 건너가는 등 언제 어디에서 튀어나올지 모르니 더욱 조심해서 운전한다.

여름철 재난과 응급처치

여름에는 폭염으로 인한 피해가 일어날 수 있다. 특히 독거노인들의 경우, 냉방기기를 제대로 갖추지 못한 주거환경 때문에 폭염에 의한 사망사고도 종종 생긴다. 여름철 휴가지 물놀이 사고, 태풍·호우로 인한 재해, 선박사고 등 재난의 위험성을 살펴보고 대처법을 배워보자.

폭염 시 행동요령과 응급처치

2016년 8월 19일 오후 제주도 ○○해수욕장 공원 인근에서 공공

근로 작업을 하던 56세 A씨가 쓰러져 병원 응급실로 이송됐지만 숨졌다. 장시간 폭염에 노출되어 생긴 열사병으로 인한 사망이었다.

2016년 여름은 무척이나 더웠다. 질병관리본부의 온열질환 감시체계 운영결과를 보면, 집계를 시작한 2016년 5월 23일부터 전국적으로 무더위가 꺾이기 직전인 8월 24일까지 온열질환 사망자는 모두 17명으로 집계됐다. 이는 온열질환과 관련한 인명 피해를 공식적으로 집계하기 시작한 이후 가장 많은 수치이다. 그동안의 온열질환 사망자는 2012년 15명, 2013년 14명, 2014년 1명, 2015년 11명이었다.

폭염특보 시 행동요령

- 야외활동을 자제하고 외출 시 옷차림은 가볍게 한다.
- 외출 시 모자, 선글라스 등으로 햇빛을 차단한다.
- 특히 낮 12시부터 오후 4시 사이에는 야외활동을 자제한다.
- 넉넉하고 가벼운 옷을 입어 자외선을 방지하고 노출부위는 자외선 차단제를 발라 피부를 보호한다.
- 자동차 안에 노약자나 어린이를 홀로 남겨두지 않는다.
- 땀을 흘린 만큼 자주자주 물을 마신다.
- 현기증, 메스꺼움, 두통, 근육경련 등의 증세가 나타나면 가까운 의료기관에서 진료 받는다.
- 냉방기기 사용 시는 실내·외 온도차를 5℃ 내외로 유지하여

냉방병을 예방한다. 건강을 위한 냉방온도는 26~28℃가 적당하다.

- 창문에 커튼이나 천 등을 이용, 집안으로 들어오는 직사광선을 최대한 차단한다.
- 야외에서 장시간 근무할 때는 아이스팩이 부착된 조끼를 착용한다.

폭염으로 쓰려진 사람 응급처치

- 시원한 장소로 옮긴 후 편안한 자세를 취하도록 하고 옷을 벗겨준다.
- 부채질을 해주거나 이온 음료 또는 물을 준다.
- 의식이 없으면 입으로 아무것도 주지 않는다.
- 일사병은 보통 시원한 곳에서 안정시키면 좋아지는 경우가 많으나 의식이 없는 환자는 의료기관에서 확인하는 것이 중요하다.
- 갑자기 의식을 잃고 쓰러졌을 때는 환자를 우선 시원한 곳으로 옮긴다.
- 다리 쪽을 높게 해 피가 뇌로 잘 전달되도록 해주면 혈액순환이 좋아져 회복이 빠르다.
- 체온이 떨어지지 않으면 찬물에 적신 수건이나 담요를 덮어주거나 얼음찜질을 해 체온을 38~39℃로 낮추고, 빨리 병원으

로 옮기도록 한다.

- 만약 열사병으로 쓰러졌다면 바로 체온을 낮추는 응급처치를
  한 뒤 병원으로 옮긴다.

노인 폭염 안전사고 예방 행동요령

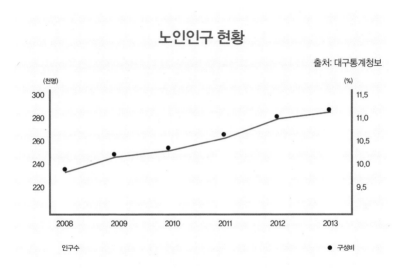

노인인구 현황

출처: 대구통계청보

우리나라에서는 만 65세 이상이면 노인이라고 한다. 국제 신용평
가사 무디스에 따르면 우리나라는 오는 2030년이면 65세 이상인
노인인구가 전체 인구의 20%를 넘는 초고령 사회가 될 것이라고
한다. 통계에 따르면 현재 우리나라 노인 5명 중 1명이 독거노인
이라고 한다. 혼자 사는 노인의 수는 2011년 112만 4,099명에서

폭염 · 태풍과 장마 · 물놀이 · 선박

2012년 118만 6,831명, 2013년 125만 2,012명으로 매년 늘어나고 있다. 매년 늘어나는 노인인구에 비례하여 노인 안전사고 및 노인 고독사 발생률도 증가하고 있다.

노인 안전사고 예방 행동요령

- 거동에 불편을 주는 미끄러운 양말, 슬리퍼 등은 사용하지 않는다.
- 현관, 잠자리, 화장실과 가까운 곳에 전등 스위치를 달아 놓는다.
- 잠자리 옆에는 쉽게 받을 수 있는 전화기를 배치한다.
- 부엌에 가스누출경보기 또는 화재경보기를 설치한다.
- 화장실, 싱크대 앞에는 미끄럼 방지 매트를 깔아 놓는다.
- 변기나 욕조 주변에는 손잡이를 설치해 거동 시 균형감을 높인다.
- 주택의 계단이나 공공 현관문에는 밝은 조명을 설치한다.
- 늘어진 전선은 바닥에 나와 있지 않도록 깔끔하게 정리한다.
- 혼동하기 쉬운 의약품, 세제 등은 큰 글씨로 표기해 알맞은 위치에 둔다.
- 회전의자 등 균형감을 떨어뜨리거나 모서리가 날카로운 가구는 사용하지 않는다.

독거노인 폭염사고 예방 행동요령

- 식사는 영양가 있는 음식으로 가볍게 먹고 충분한 양의 물을 섭취한다. 무리한 운동은 삼가고 매 시간 두세 잔의 물을 마신다.
- 땀을 많이 흘리게 될 경우 염분과 미네랄을 보충한다.
- 기름지고 찬 음식을 많이 먹지 않는다.
- 옷을 최대한 가볍게 입고 꽉 끼는 옷을 입지 않는다.
- 가급적 야외활동은 삼가고 실내온도를 26~28℃로 유지한다.
- 급격한 온도변화로 호흡곤란, 헛구역질, 두통 등이 발생할 수 있으므로 적절히 휴식을 취하고 이상증상 발생 시 즉시 119로 신고한다.
- 손을 깨끗이 씻고 개인위생을 철저히 한다.
- 모든 음식은 익혀서 먹고 특히 어패류는 가급적 날것을 먹지 않는다.
- 식재료는 구입 즉시 요리하고 음식은 남기지 않도록 적당량만 만든다.
- 냉장고에 오래 보관한 음식은 가급적 먹지 않고 버린다.

여름철 생수 한 병의 고마움

더위가 절정을 이루던 7월 마지막 주 일요일 오후, 경기도 ○○시 아파트 지하주차장에서 화재가 발생했다. 119신고를 받고 신속하게 출동한 소방관들은 지하주차장으로 달려갔다. 지하 2층에서 일어난 화재로 지하주차장은 연기로 가득차서 소방관들은 한 치의 앞도 보이지 않았다. 신속히 조연차를 투입해 신선한 공기를 지하주차장으로 밀어 넣었다. 점차 연기가 옅어지면서 시야를 확보한 소방관들은 불이 난 차량을 찾아 신속하고 정확하게 화재를 진압했다. 조금만 늦었더라면 지하주차장 차량들이 전부 타버릴 수도 있었던 위험했던 순간이었다.

여름철 화재를 진압하는 일은 다른 계절보다 두 배나 더 힘이 든다. 불과도 싸워야 하지만 더위와의 전쟁도 만만치 않기 때문이다. 두꺼운 방화복을 입고 화재 진압을 하러 출동하면, 가는 도중에만도 땀이 어마어마하게 나서 진이 빠진다. 여름에는 가만히 있어도 땀이 흐르는데 방화복을 입으면 1분도 채 되지 않아서 마치 사우나에 있을 때와 같이 땀이 비 오듯 흐른다. 이 상태에서 10분 정도 화재를 진압하면 체온이 정상체온을 급격히 벗어나 상회한다. 방화복이 열기를 차단하지만 방화복 내부의 열기도 외부로 배출하지 못하는 구조이기 때문에 체온 상승은 더욱 부채질된다. 화재의 규모가 커서 장시간 화재 진압할 경우에는 비정상적인 체온 상승과 과도한 땀으로 탈진하기도 한다. 때문에 소방관들은 여름철 화재 진압 시 다른 계절보다 더 많은 휴식이 필요하다. 그리고 적절한 체온을 유지하기 위해 수시로 충분한 수분 공급을 해야 한다. 여름철 화재를 진압할 때는 소방관 스스로 마실 생수를 준비해가지만 금방 바닥이 나곤 한다. 혹 더운 여름철 화재를 진압하는 소방관들을 본다면 생수 한 병을 건네 보는 건 어떨까? 곧 쓰러질 만큼 힘든 소방관들에게 생수는 생명수 같은 존재다. 물을 건네는 그 손길의 고마움은 말로 표현할 수 없다.

태풍 시 행동요령

여름철에는 어김없이 태풍이 지나간다. 태풍이란 적도지방에서 발생하는 열대성 저기압으로 호우와 강풍을 동반하며, 이로 인한 홍수, 풍랑, 해일 등으로 인명 및 재산피해를 가져오기도 하는 재해를 말한다. 한반도 역사상 그 피해가 가장 컸던 태풍은 2002년 8월 31일 하루 동안 강릉지방에 870.5mm에 달하는 집중호우를 뿌린 '루사(RUSA)'이다. 이 태풍으로 인해 사망 214명, 실종 32명의 인명피해를 입었고 5조 1479억 원의 재산피해가 났다.

- TV나 라디오를 수신하여 태풍의 진로와 도달시간을 숙지한다.
- 가정의 하수구나 집주변의 배수구를 점검하고 막힌 곳을 뚫어야 한다.
- 침수나 산사태가 일어날 위험이 있는 지역에 거주하는 주민은 대피장소와 비상연락 방법을 미리 알아둔다.
- 하천 근처에 주차된 자동차는 안전한 곳으로 이동한다.
- 응급약품, 손전등, 식수, 비상식량 등의 생필품은 미리 준비한다.
- 날아갈 위험이 있는 지붕, 간판, 창문, 출입문 또는 마당이나

외부에 있는 헌 가구, 놀이기구, 자전거, 바람에 날릴 수 있는 것 등을 단단히 고정한다.

- 공사장 근처는 시설물 추락의 위험이 있으니 가까이 가지 않는다.
- 전신주, 가로등, 신호등을 손으로 만지지 않고 가까이 가지 않는다.
- 감전의 위험이 있으니 집 안팎의 전기 수리는 하지 않는다.
- 운전 중일 경우 감속 운행한다.
- 천둥·번개가 칠 경우 건물 안이나 낮은 곳으로 대피한다.
- 송전철탑이 넘어졌을 때는 119나 시·군·구청 또는 한전에 즉시 연락한다.
- 고층 아파트 등 대형·고층 건물에 거주할 경우, 유리창이 파손되는 것을 방지하도록 젖은 신문지, 테이프 등을 창문에 붙이고 창문 가까이 접근하지 않는다.
- 노약자나 어린이는 집 밖으로 나가지 않는다.
- 물에 잠긴 도로로 걸어가거나 차량을 운행하지 않는다.
- 대피할 때에는 수도와 가스 밸브를 잠그고 전기차단기를 내려 둔다.

호우특보 시 행동요령

- 해안주택의 하수구와 집주변의 배수구를 점검한다.
- 침수나 산사태 위험지역 주민은 대피장소와 비상연락 방법을 미리 알아둔다.
- 하천에 주차된 자동차는 안전한 곳으로 이동한다.
- 응급약품, 손전등, 식수, 비상식량 등은 미리 준비해둔다.
- 저지대나 상습침수 지역에 거주하고 있다면 대피를 준비한다.
- 침수 시 피난 가능한 장소를 동사무소나 시·군·구청에 연락하여 알아둔다.
- 대형 공사장, 비탈면 등의 관리인은 안전 상태를 미리 확인한다.
- 가로등이나 신호등 및 고압전선 근처에는 가까이 가지 않는다.
- 집 안팎의 전기 수리는 하지 않는다.
- 공사장 근처는 시설물 추락의 위험이 있으니 가까이 가지 않는다.
- 운행 중인 자동차의 속도를 줄인다.
- 천둥·번개가 칠 경우 건물 안이나 낮은 지역으로 대피한다.
- 물에 떠내려갈 수 있는 물건은 안전한 장소로 옮긴다.
- 노약자나 어린이는 집 밖으로 나가지 않는다.
- 물에 잠긴 도로로 지나가지 않는다.
- 대피할 때에는 수도와 가스 밸브를 잠그고 전기차단기를 내려둔다.

- 라디오, TV, 인터넷을 통해 기상예보 및 호우상황을 주시한다.
- 호우가 지나간 후 집에 도착 시, 들어가지 말고 구조적 붕괴가 능성을 반드시 점검한다.
- 파손된 상하수도나 축대 · 도로가 있을 때 시 · 군 · 구청이나 읍 · 면 · 동사무소에 연락한다.
- 물에 잠긴 집안은 가스가 차 있을 수 있으니 환기시킨 후 들어가고, 가스 · 전기 차단기가 off에 있는지 확인하고 기술자의 안전조사가 끝난 후 사용한다.
- 침투된 오염물에 의해 침수된 음식이나 재료를 먹거나 요리재료로 사용하지 않는다.
- 수돗물이나 저장식수도 오염 여부를 반드시 조사 후에 사용한다.

자동차가 물에 빠졌을 때 행동요령

- 안전벨트를 푼 다음 신발과 옷을 벗어 저항을 줄여 수영이 가능하도록 한다.
- 물에 뜨는 물건이 주위에 있으면 움켜쥐고 출입문을 통해 빠져나오거나, 망치를 이용해 유리창을 깨고 탈출해야 한다.
- 바로 탈출하지 못한 경우에는 차내에 물이 어느 정도 들어와 수압 차이가 없어져 출입문을 열 수 있을 때까지 침착하게 기

다렸다가 탈출한다.

- 차에서 나오기 전에 3~4회 심호흡을 하고 숨을 크게 들이 쉰 다음 숨을 멈추고 나오면 물 속에서 더 오래 견딜 수 있다.

물놀이 안전사고 예방 행동요령

소방청에 따르면 최근 5년간(2011~2015년) 물놀이 사고에 의한 인명피해는 174명으로 집계됐다. 시기적으로 여름휴가가 집중되는 7월 하순부터 8월 초순에 인명피해가 가장 많았다. 통계에 따르면 하천, 계곡, 해수욕장 순으로 사고발생 빈도가 높았다. 오후 2시에서 4시 사이에 가장 많은 사고가 발생했으며 10대, 20대의 사고가 많았다. 주요 원인은 안전 부주의, 수영 미숙, 음주 수영 등이었다. 주로 안전수칙을 지키지 않은 데 따른 것이다.

성인 물놀이 사고 예방 행동요령

- 밥을 먹고 바로 수영을 하지 않는다.
- 수영금지 지역에서 절대로 물놀이하지 않는다.
- 손, 발 등에 경련을 방지하기 위해 반드시 가벼운 준비운동을 한다.
- 어린이가 물놀이할 때에는 어른들과 함께하거나 어른들의 시야 안에서 물놀이한다.

- 너무 깊은 곳이나 아주 차가운 물에서 수영하지 않는다.
- 하천 바닥은 굴곡이 심하고 깊이를 가늠할 수가 없어 갑자기 깊은 곳으로 빠질 수도 있으므로 안전구역 내에서 수영한다.
- 보트장이나 풀장에서는 안전요원의 지시에 따른다.

어린이 물놀이 사고 예방 행동요령

- 구명조끼를 반드시 착용한다.
- 계곡, 하천 등에서 물놀이를 할 때에는 얕은 물에서 어른이 보이는 곳에서 논다.
- 배를 탈 때, 특히 작은 배를 탈 때도 구명조끼를 착용한다.
- 지켜보는 사람 없을 때는 수영하면서 멀리 나가지 않는다.
- 많은 사람이 한꺼번에 물놀이를 할 경우 혼자서 놀지 말고 여러 사람이 짝을 지어 놀도록 한다.
- 장시간 계속하여 물놀이를 지속하지 않고 반드시 쉬는 시간을 갖는다.
- 보호자는 어린이 물놀이를 계속 지켜보아야 한다.
- 보호자는 어린이가 물놀이 안전수칙을 잘 지키도록 사전 교육한다.

선박 안전사고 시 행동요령

- 1953년 1월 전남 여수항에서 출발해 부산항으로 가던 여객선 창경호가 강풍을 만나 좌초되어 승선 인원 236명 가운데 선장과 선원 등 7명만 살아남았다.
- 1963년 1월 전남 영암 가지도 앞바다에서 여객선 연호가 침몰해 탑승객 중 1명만 구조되고 138명이 사망했다.
- 1967년 1월 여수항을 출발해 부산항으로 가던 여객선 한일호가 기지로 복귀하던 해군 구축함과 부딪쳐 94명이 사망했다.
- 1970년 12월 제주 서귀포항을 출항해 부산항으로 가던 남영호가 침몰해 323명이 사망했다.
- 1993년 10월 전북 위도 앞바다에서 서해훼리호가 침몰해 위도 주민 등 292명 사망했다.
- 2014년 4월 16일, 전남 진도 해상에서 수학여행을 가는 아이들을 태운 세월호가 침몰해 탑승 인원 476명 중 295명이 사망하고 9명이 실종된 최악의 여객선 참사가 발생했다.

- 선박사고가 발생하면, 큰 소리로 외치거나 비상벨을 눌러 사고 발생 사실을 알린다.
- 위험한 상황이 되었을 경우에는 의자 밑 또는 선실에 보관되어 있는 구명조끼를 입고 선장 또는 승무원의 지시에 따라 탈출한다.
- 선박에서 탈출한 후 사망하는 사람들의 사망원인 1순위는 익

사가 아닌 체온 저하이다. 따라서 물속에서는 침착하게 팔을 서로 끼고 가능한 한 다리를 올려 당기고 머리는 물 밖으로 세워 최대한의 열 손실을 줄여야 한다.

- 선박 내에는 구명조끼(성인용, 소아용), 구명부환, 구명줄, 통신장비(2해리 이상 운항선박), 소화기, 자기점화등(야간운항 선박) 등의 인명 구조장비가 비치되어 있다.
- 비상상황 발생 시 착용하는 구명조끼는 좌석 아래(상부 좌우, 선수·선미에 설치된 구명조끼함, 2층 선수·선미 등)에 비치되어 있으니 사용 시에는 의자를 위로 들어 올려 사용한다.

궁금해요 **구명조끼 착용법**

1. 구명조끼를 입는다

2. 허리 조임줄을 채운다

3. 가슴 조임줄을 채운다

4. 생명줄을 다리 사이로 넣는다

5. 생명줄을 앞쪽과 연결한다

6. 구명조끼 착용 완료

조금만 조심하면 일어나지 않았을 일들

2015년 7월 오후 6시경 119로 긴급한 신고전화가 울렸다. 자전거 도로로 주행하던 사람이 갑자기 불어난 물살에 휩쓸려 강으로 떠내려간다는 내용이었다. 가장 가까운 119구조대 및 수난구조대가 신속하게 출동해 구조보트를 이용해 구조했고, 인근 병원으로 신속하게 이송했다. 집중호우가 내리고 약 한 시간이 지난 오후 6시경에 일어난 사고였다. 요구조자는 발견 당시 호흡이 멈춘 상태였으나 심폐소생술을 실시하여 목숨을 건졌고 기계에 의존하는 상황이 되었다. 그러나 안타깝게도 그는 다음날 사망하고 말았다.

멀쩡한 사람이 운동을 한다며 자전거를 타고 나간 후 사망을 한 사건이다. 유가족들에게는 정말 황당하고 어이없고 하늘이 무너지는 일일 것이다. '조금만 조심했으면 이런 불상사는 일어나지 않았을 것을…' 옆에서 지켜보는 우리 소방관들도 안타깝고 속상했다. 수난 사고는 여름철만 되면 매번 되풀이된다. 조그만 조심하면 충분히 예방할 수 있는 일인데도 말이다. 갑자기 큰 비가 내리거나 태풍이 지나가면 강이나 계곡에는 급격히 물이 불어난다. 이에 '별일 일어나지 않겠지'라고 가볍게 생각했던 야영객이나 운동을 나온 사람은 당황하기 쉽다. '이 정도의 물살은 건널 수 있어!' '설마 여기까지 물이 찰까?'라고 방심하면 안 된다. 집중호우로 불어난 물은 유속이 빠르고 그 양도 순식간에 늘어난다. 이럴 때 만일 강가나 계곡에 있다면 고지대로 피해야 한다. 이런 날은 운동을 삼가고 집에 있어야 한다. TV에서 일어나는 재난은 내가 직접 겪지 않는 일이라고 해서 남의 일이라고 치부할 수 있다. 그러나 엄연히 대한민국에서 일어나는 일이다. 내 이웃의 일이다. '내게는 그런 일이 일어나기 않을 거야!'라는 방심은 금물이다. 남의 불행이 나의 불행이 될 수도 있음을 명심하자. 항상 주변을 둘러보면서 안전수칙을 지켜서 불의의 사고를 사전에 예방하는 생활습관을 길러야 한다.

가을철 재난과 응급처치
|

가을철 안전사고는 주로 산행이나 벌초를 하면서 일어난다. 등반 중 안전사고, 벌에 쏘이는 안전사고가 일어나지만 조금만 주의하면 안전하게 가을을 보낼 수 있다. 또한 추석 명절의 즐거운 시간에 일어나기 쉬운 사고를 미리 예방하는 지혜가 필요하다.

가을철 산행사고 예방 행동요령

국립공원관리공단은 일교차가 큰 10월과 11월 등산 때 심장돌연사 위험이 높아 가을철 산행 때 탐방객들의 각별한 주의가 필요하다고 밝혔다. 공단에 따르면 2011년에서 2015년 사이 국립공원 내에서 발생한 사망사고의 115건 중 58건이 심장돌연사였다. 특히 심장돌연사는 10월과 11월에 발생한 산행 사망사고의 57.6%

를 차지했다.

- 산행은 아침 일찍 시작하여 해지기 한두 시간 전에 마친다.
- 하루 8시간 정도 산행하고, 체력의 30%는 비축한다.
- 2인 이상 등산을 하되, 일행 중 가장 약한 사람을 기준으로 산행한다.
- 배낭을 잘 꾸리고, 손에는 가급적 물건을 들지 않는다.
- 등산화는 발에 잘 맞는 것을 신고 통기성과 방수 능력이 좋은 것으로 고른다.
- 산행 중에는 한꺼번에 너무 많이 먹지 말고, 조금씩 자주 섭취한다.
- 길을 잘못 들었을 때는 당황하지 말고 기억나는 위치까지 되돌아가서 다시 위치를 확인한다.
- 산행 중 길을 잃었을 때에는 계곡을 피하고, 능선으로 올라가야 한다.
- 등산화 바닥 전체로 지면을 밟고 안전하게 걷는다.
- 보폭을 너무 넓게 하지 말고 항상 일정한 속도로 걷는다.
- 발 디딜 곳을 잘 살펴 천천히 걷는다.
- 처음 몇 차례는 15~20분 정도 걷고 5분간 휴식하고, 차츰 30분 정도 걷고 5~10분간 휴식한 다음 산행에 적응이 되면, 1시간 정도 걷고 10분간씩 규칙적으로 휴식하는 것이 바람직하다.

- 산행 중에는 수시로 지형과 지도를 대조하여 현재 위치를 확인하는 것이 좋다.
- 내려갈 때에는 자세를 낮추고 발아래를 잘 살펴 안전하게 디뎌야 한다.
- 썩은 나뭇가지, 풀, 불안정한 바위를 손잡이로 사용하지 않도록 조심한다.
- 급경사 등 위험한 곳에서는 보조 자일을 사용하는 것이 좋다.

조난사고 응급처치

가을에는 단풍 구경 인파가 산에 몰린다. 때문에 사람이 조금 드문 곳으로 길을 찾으려다 산에서 길을 잃는 일이 종종 발생한다. 만일 당신이 산행 중 길을 잃었다면 어떻게 할까? 나에게 일어나지 않을 것 같았던 일이 눈앞에서 벌어진다면? 최악의 상황을 미리 대비한다면 최악의 상황은 일어나지 않는다.

- 산행 시 미리 산행 시간과 장소를 가족이나 지인들에게 말해 놓으면 조난 당했을 때 도움이 된다.
- 휴대전화로 119에 조난 신고를 한다. 구조대와의 통화를 위해 휴대전화 사용을 자제한다.
- 당황하지 말고 침착하게 행동한다.

- 길을 잃었을 때 왔던 길의 기억나는 곳까지 되돌아간다.
- 그런 다음 그 곳에서 자신의 위치를 정확하게 파악하고 계획했던 방향을 찾는다.
- 만일 짙은 안개, 눈보라, 어둠 때문에 지형과 방향을 살필 수 없을 때에는 그 자리에서 다른 사람들이 올 때까지 기다린다.
- 혼자 조난 당해서 지쳤거나 어두워졌거나 악천후로 산행을 계속하기 어려운 상황이라면 섣불리 움직여서는 안 된다.
- 가능한 방법으로 구조요청을 하고 그곳에서 구조대가 올 때까지 체온과 체력을 유지하며 기다리는 편이 더 안전하다.
- 밤을 새워야 할 때에는 판초, 텐트 플라이, 비닐 등을 이용하여 눈, 비, 바람을 막을 수 있는 공간을 만들어 숨는다.
- 만일 그러한 장비가 없다면 큰 나무 밑이나 숲 속에서 마른 낙엽을 끌어 모아 낙엽더미 속으로 들어가서 체온을 유지한다.

전봇대에는 '전주번호찰'이라는 고유번호가 있다.
만일 길을 잃었다면 119에 전화해서 전주의 고유번호를 정확히 말한다.
위 그림을 보면 92가 위도, 15가 경도, W452가 세부 위치를 나타낸다.
이 번호를 119에 알려주면 본인의 현재 위치를 쉽고 정확하게 파악할 수 있다.

전봇대에는 놀라운 비밀이 숨겨져 있다. 전봇대의 번호는 위도와 경도가 있고 세부 위치가 표기되어 있다. 전봇대의 맨 위쪽의 첫 번째 줄 다섯 자(숫자 네 개와 영어알파벳 한 개)와 두 번째 줄 세 자(숫자 세 개)만 정확하게 알면 자신의 위치를 119에 신고할 수 있다. 신고를 받은 119에서는 좌표를 확인하여 가장 가까운 소방차가 구조현장으로 달려간다. 전봇대는 전국 어느 곳에 가서도 발견할 수 있다. 도심에는 30m 이하 간격으로, 농촌지역에는 50m 이하 간격으로 전국에 850만 개 이상 설치되어 있다. 우리가 아무 생각 없이 무심결에 지나친 전봇대. 재난이 발생하면 긴요하고 소중한 정보를 담고 있는 지표로 변한다. 만일 길을 잃어 위치를 모를 때에는 당황하지 말고 주변에 전봇대를 찾아라.

명절 연휴 안전사고 응급처치

추석은 과거 농경사회에서 풍년을 기원하며 조상에게 차례와 성묘를 지낸 것에서 유래되었다. 더불어 가을의 열매를 축하하는 의미도 있다. 마치 서양의 추수감사절 같은 날이다. '더도 덜도 말고 늘 가윗날만 같아라.'는 속담이 생각난다.

추석은 오랜만에 만난 가족, 친척들이 가을에 수확한 풍성한 음식을 나눠먹으며 가족애를 나누는 시간이다. 추석을 맞아 고향으로 가는 사람들의 마음은 모처럼 가족 친지들을 만난다는 마음에 설렌다. 하지만 많은 차량들이 귀성을 하느라 고속도로는 몸살을 앓기도 한다. 또 명절날 일가친척들이 오랜만에 모여 서로의 정을 나누고 덕담하는 문화는 참 좋은 문화이지만, 여자들은 하루 온종일 음식하고 설거지하느라 명절증후군을 앓기도 한다. 명절증후군은 명절로 인해 받은 스트레스로 정신적, 육체적 피로 증상을 겪는 것을 말한다. 설거지 등 가사노동에 시달리는 여성에게 주로 나타나며, 심하면 일주일 정도 목, 어깨, 허리, 손목 등의 부위에서 통증이 지속되는 질병을 초래하기도 한다.

명절 연휴 안전운전 행동요령

- 교통법규를 준수하며 편안하게 운전한다.
- 두 시간마다 10분씩 휴식하고 차량 내 공기도 자주 환기한다.
- 운전 중에는 안전벨트를 착용하고 휴대전화를 사용하지 않는다.

- 양보와 여유 있는 운전을 한다.
- 출발 전 안전점검은 필수이며 TV, 라디오 등 방송을 통해 교통 상황을 확인한다.
- 교통사고 발생 시 119, 보험회사, 병원 등에 신속히 연락한다.
- 부상자를 구출 후 안전한 장소로 이동하여 응급처치를 한다.
- 심한 부상자는 함부로 움직이지 말고 신고한다.

성묘 안전사고 행동요령

- 예초기 사용 시 칼날이 돌에 부딪히지 않도록 주의한다.
- 목이 긴 장화나 장갑, 보안경 등 안전장구 착용한다.
- 날카로운 것에 베인 경우 깨끗한 물로 상처를 씻고 소독약을 바른 후 병원에 가서 치료한다.
- 눈에 이물질이 들어간 경우 일단 고개를 숙인 후 눈을 깜박 거려 눈물이 나도록 해 자연적으로 빠져나오게 한다.
- 벌 쏘임 예방으로 향수, 화장품, 헤어스프레이나 요란한 색의 의복을 피한다.
- 벌이 가까이 접근하면 벌이 놀라지 않도록 제자리에서 자세를 낮게 한다.
- 벌침은 신용카드 등으로 피부를 밀어 제거 후 환부에 얼음찜 질 등으로 차갑게 한다.
- 호흡곤란 증세가 있는 경우 편한 자세로 하여 기도 유지 후 병

원으로 이송한다.

- 뱀 물림 예방 차원에서 벌초 시 두꺼운 등산화를 착용한다.
- 잡초가 많은 곳은 지팡이로 미리 헤쳐서 확인한다.
- 뱀에 물린 사람은 눕혀 안정시킨 뒤 움직이지 않게 한다.
- 뱀이 물린 곳에서 5~10cm 위쪽을 끈이나 고무줄, 손수건 등으로 묶어 독이 퍼지지 않게 한다.
- 야외 전염병을 예방하기 위해 피부가 노출되는 옷을 피하고 맨발로 걷지 않는다.
- 산이나 풀밭에선 앉거나 눕지 않는다.
- 귀가 후 반드시 목욕을 하고 입은 옷은 꼭 세탁한다.

소방관의 명절증후군

"구급출동! ○○동 △△주택 부부싸움으로 병원으로 이송을 원한다고 함!"

"구조출동! 문 개방 출동, 연락이 안 되어 집에 가보니 문이 잠겨 있고 계속 연락이 안 되는 상태라고 함!"

추석 명절에는 특히 구조·구급출동이 많다. 부부싸움을 하거나 형제 간의 말다툼이 급기야 폭력으로 이어져, 119에 도움을 요청하는 것이다. 또한 명절에는 자신의 처지를 비관하여 자살하는 사건도 많이 일어난다. 소방관에게 추석은 즐겁고 마음이 풍요로운 시기가 아니다. 이처럼 각종 사건사고로 특별경계근무를 해야 해 긴장을 하며 보내는 기간이다. 추석 연휴기간이면 소방서에서는 화재 등 각종 사고에 대한 예방 및 대응체계를 구축한다. 국민들이 편안하고 안전한 추석 명절을 보낼 수 있도록 하기 위해 특별경계근무를 실시하는 것이다. 취약대상 화재 예방 및 24시간 감시체제 강화, 소방서장 중심의 신속하고 안전한 초기 대응체계 구축, 119 구급대의 긴급 대응태세 확립 및 생활 안전서비스 강화가 주된 내용이다. 평소보다 더 긴장한 채로 추석을 보내다 보니 명절이면 아내, 며느리가 명절증후군을 앓는 것처럼 소방관들도 '명절증후군'을 앓는다. 가족에 대한 미안함에서 안전하게 명절이 지나갔다는 안도감까지 온갖 감정이 휩쓸고 가는 일종의 감정증후군이다.

일단 명절 2~3일 전만 되면 명절에 가족, 친척들과 제대로 만나지 못한다는 아쉬운 마음이 든다. 온 가족이 모이는데 소방관들도 같이 있고 싶은 마음이 없다면 거짓말일 것이다. 그리고 가족들에게는 마음 한 구석에 미안한 마음이 계속 남아 있다. 그러다 급기야 명절 당일에는 남들이 쉬는 날 쉬지 못하는 직업에 대한 회의를 느낀다. 처음 소방관으로 임용되어 맞이했던 추석이 생각난다. 나만 빼고 모두들 즐거운 표정으로 모여 웃고 있을 것을 생각하니, 마음이 참으로 쓸쓸했었다. 하지만 명절이 지나면 이 모든 감정도 안도감과 보람으로 바뀐다. 큰 불과 큰 사건사고가 나지 않고 명절이 지나갔다는 안도감, 행복하고 즐거운 명절을 만드는 데 일조했다는 보람이 바로 그것이다.

다가올 추석도 소방관의 '명절증후군'에서 자유롭지는 못할 것이다. 하지만 나는 여전히 소방서를 지킬 것이고, 밤하늘에 뜬 보름달을 보며 국민의 안전과 안녕을 위해 기도할 것이다.

벌 쏘임 안전사고 응급처치

건강보험심사평가원 자료에 의하면 최근 5년간(2011~2015년) 벌 쏘임 환자 발생 건수는 5만 6288건이며, 4년간(2011~2014년) 133명이 벌 쏘임으로 사망했다. 월별 벌 쏘임 진료현황을 보면, 벌초와 성묘를 하는 8~10월 사이 전체의 63%인 3만 6497명이 병원을 찾았다. 또한 지역별 발생현황을 보면 경기가 8088건으로 가장 많았고 강원 1천 734건, 경남 7633건, 전남 6516건, 경북 5636건, 충남 5083건, 전북 5061건 등의 순이었다.

벌 쏘임 예방 행동요령

- 야외활동 시 벌을 자극하는 향수, 화장품, 헤어스프레이 등의 사용을 자제한다.
- 벌초를 하는 경우 사전에 지팡이나 긴 막대 등을 사용해 벌집이 있는지 확인한다.
- 벌집을 발견한 경우 보호장구를 착용한 후 분무기살충제 등을 사용하여 벌집을 제거하거나 119에 신고한다.
- 부주의로 벌집을 건드려 벌이 쫓아온다면 몸을 최대한 낮추고 목과 얼굴을 가린다.
- 벌독 알레르기가 있는 경우 반드시 해독제와 지혈대 등을 준비하고 사용법을 미리 익혀둔다.

벌에 쏘였을 때 응급처치

- 벌에 쏘이면 통증 이외에도 알레르기 반응 등으로 인하여 쇼크를 일으킬 수 있으며 심한 경우 사망할 수도 있다.
- 전신의 가려움, 두드러기, 입이나 혀의 기도부종에 의한 기도 폐쇄, 호흡곤란, 불안감 등의 증상이 나타난다.
- 응급처치 방법으로 우선 피부에 박힌 벌침을 제거해야 한다. 빨리 제거하여 벌독이 체내로 더 이상 들어가는 것을 막아야 한다. 이때 신용카드 등으로 벌침을 뽑은 후 얼음찜질이나 찬물찜질을 한다.
- 암모니아수, 칼라민 로션 등을 발라준다.
- 만약 호흡곤란 증세를 보일 경우 즉시 119에 신고하여 의료기관에서 치료를 받아야 한다.
- 벌독 알레르기 반응을 경험한 사람은 벌에 쏘였을 때를 대비해 비상약을 준비해야 한다.

119 응급출동

벌집제거 출동도 긴장을 놓을 수 없다

"출동. 벌집제거 출동!!"

"○○시 △△동 A아파트 B동 1206호 벌집제거 출동!!"

최상의 컨디션을 위해 최대한 이완되어 있던 몸과 마음이, 출동방송이

나오면 순간 긴장을 한다. 갑자기 두뇌회전이 빨라진다. '출동현장에 가서 어떻게 해야 안전하게 또 효율적으로 임무를 수행할까?' 하는 생각들이 단 몇 초의 시간에 스쳐 지나간다. 손과 발도 빨라진다. 벌집제거를 위한 안전장비가 완전무결한지, 추가적으로 더 준비할 것이 없는지 빠른 걸음과 눈으로 확인한다. 심장은 평소보다 빠르게 뛴다. 온몸이 출동모드로 전환된다.

벌집제거 장비를 소방차에 싣고 현장으로 출동한다. 벌로부터 보호하기 위해 밀폐되어 있는 보호장비를 입으면 땀이 비 오듯 쏟아진다. 간혹 출동하는 동안 화재가 발생하면 우선 화재출동하여 불을 끄고 난 후 다시 벌집제거 현장으로 출동한다. 소방관의 업무 우선순위에서 화재, 구조, 구급이 우선이고 벌집제거 등 생활안전 업무는 차후의 일이기 때문이다. 벌집제거 현장에 도착해서 신고자를 만났다. 신고자는 아이 엄마였다.

"여기, 베란다 에어컨 실외기~~ 여기 있어요!!"

장마가 지나가자 본격적으로 벌들이 집을 짓기 시작했다. 요즘은 벌들이 도심 아파트 베란다에 집을 많이 짓는다. 벌집은 그리 크지 않았지만 말벌의 것이었다. 말벌은 어른의 엄지 손가락만한 크기로 일벌보다 훨씬 강한 독을 가지고 있다. 한 번 쏘이면 쏘인 부분이 금방 퉁퉁 붓는다. 만일 벌에 쏘일 경우 벌독 알레르기가 있으면 급격하게 기도가 붓는다. 또한 쇼크가 올 수 있다는 점을 잊지 말아야 한다. 심지어 기도가 막혀 호흡을 하지 못하여 사망에 이를 수도 있다. 벌에 쏘이지 않는 것이 최선이지만 벌에 쏘이면 쏘인 부분을 입으로 빨면 절대 안 된다. 신용카드 같은 것으로 살을 밀어내어 벌침을 빼고 얼음찜질을 해서 붓기를 가라앉혀야 한다. 그래도 증상이 악화된다면 빨리 병원으로 가서 치료를 받아야 한다.

지난 2015년 광주광역시에서 벌집을 제거하던 소방관이 근처 전깃줄에 감전되어 병원으로 이송된 사건이 있다. 이 소방관은 병원에서 왼손을 절단하는 등 몇 번의 수술을 했다. 그리고 힘든 시간을 이겨내고 그는 다시 소방관으로 현장에 복귀했다. 생사를 오가는 시간을 보낸 그에게 큰 박수를 보낸다. 어려움을 이겨내고 다시 소방관으로 살아가는 모습이 아름답다.

벌집제거 출동이라고 하면 허드렛일을 도와주는 것이라 생각할 수도 있지만, 벌집제거 출동도 화재, 구급 출동처럼 긴장의 연속이다. 출동벨 소리가 나올 때부터 긴장이 시작되어, 현장에서는 극도의 긴장 속에서 일을 한다. 그리고 무사히 임무를 완수하면 그때서야 긴장이 끝난다. 몸과 마음이 모두 힘들지만 긴장을 멈출 수는 없다. 나와 동료의 안전을 실시간으로 확인해야하기 때문이다. 오늘도 무사히 현장활동을 마치고 소방서로 돌아올 수 있음에 안도한다.

공연 · 행사장 안전사고 예방

- 2008년 국립극장에서 한 · 러 교류협회 회장이 4m 아래 오케스트라 석으로 떨어져 숨지는 사고가 발생했다.
- 2011년 경기도 문화의 전당에서는 공연 중이던 오케스트라 지휘자가 4.7m 무대 아래로 떨어져 숨지는 일이 발생했다.
- 2012년 고양시 어울림누리 공연장에서는 공연 중 무대장치가 떨어져 공연 스태프가 머리를 맞고 중태에 빠지는 사건이 발생했다.

공연 · 행사장 안전사고 예방 행동요령

- 입 · 퇴장할 때는 뛰거나 앞사람을 밀면 안전사고의 원인이 되

므로 걸어서 입장을 한다.

- 관람객은 안전관리요원의 안내를 받아 줄을 서서 이동통로와 출입문을 이용하여 입·퇴장한다.

- 공연·행사 주최자 및 시설물 운영자는 관람객에게 공연·행사 시작 전에 위급상황 발생 시 대처방법을 충분히 알려야 하며 관람객은 이를 숙지하여 위급상황 발생 시 협조해야 한다.

- 행사장 내에서 화재가 발생할 때 '불이야' 하고 큰 소리로 외치거나 화재경보 비상벨을 눌러 다른 사람에게 알린다.

- 앞사람을 밀치거나 서두르면 압사사고 우려가 있으므로 앞사람을 따라 낮은 자세로 천천히, 안전관리요원의 안내를 따라 질서 있게 이동한다.

- 한꺼번에 출입구에 몰려들지 않도록 앞사람 먼저 차례대로 대피한다.

- 실내행사장의 경우 갑자기 정전되면 당황하지 말고 안내요원의 안내가 있기까지 자리에서 기다린다.

- 대피 시 119구급대원 등 구조요원의 활동에 방해가 되지 않도록 현장질서를 유지한다.

조난 · 명절 연휴 · 공연장

할아버지, 가게 이름 좀 알려주세요!

2014년 10월 9일, 오늘은 세종대왕이 훈민정음을 반포한 것을 기념하는 한글날이다. 568돌 한글날을 맞아 전국적으로 기념행사가 열리는 것을 보니, 몇 달 전에 119신고를 받았던 일이 생각난다. 여느 때와 마찬가지로 119신고 전화가 많았던 날이었다.

신고자 "불이 났어요!"

소방관 "네! 어디에서 불이 났나요?"

신고자 "여기 ○○동 △△은행 건물 건너편 상가에서 불이 났어요!"

소방관 "네, 지금 소방관 출동하고 있습니다! 혹시 불이 난 상가에 가게 이름이 보이나요? 말씀해주세요."

신고자 (머뭇머뭇 거리며)"아~~ 흰색 건물하고 검은색 건물 사이에 있는 상가에서 불났어요!"

소방관 "지금 소방차 출동하고 있습니다. 가게 이름 좀 알려주세요!"

신고자 "아~~ 흰 건물 옆에 있는 가게요!!!"

신고자의 신고를 받고 소방관들이 현장에 도착했다. 외국 프랜차이즈 음식점 건물의 옥상에서 불이 났지만, 다행히 금세 화재를 진압해서 큰 피해가 발생하지 않았다. 나는 신고자가 가게 이름을 말해주지 않아서 궁금했다. 현장에 출동한 소방관에 의하면 신고자는 70세 할아버지였다고 한다. 할아버지는 영어로 된 외국 프랜차이즈 상점 이름을 읽을 수 없었기에 흰색 건물 옆에 있는 건물이라고만 반복하신 것이다. 영어로 된 간판이 아니라 한글로 된 간판이었으면 119신고를 더 정확하게 할 수 있으셨을 것이다. 신고하면서 얼마나 속상하셨을까? 생각해보니 정말 미안한 마음이 들었다. 그래서 신고한 할아버지께 다시 전화를 드리면서 "신고를 신속하고 정확하게, 또박또박 말씀해주셔서 소방관이 불을 빨리 끌 수 있었습니다. 정말 감사합니다."라고 진심으로 말씀드렸다.

근무를 마치고 퇴근하면서 길거리의 간판들을 보았다. 외국어로 된 간판이 많이 보였다. 10년 전에만 해도 아름다운 한글로 된 간판이 많았다. 그러나 요즘 상가 건물에는 영어와 이름 모를 외국어로 된 간판이 많다. 앞으로는 119신고전화에서도 외국어로 된 상호로 신고가 더 많이 들어오고, 영어로 된 상호를 읽지 못해서 119신고를 할 때 매우 힘들어 하는 경우가 더 많이 생겨날지도 모른다. 우리의 아름다운 말이 점점 설 곳이 없어져서 참으로 아쉽다.

겨울철 재난과 응급처치

겨울철에는 한파, 대설 등으로 인해 많은 사고가 발생한다. 특히 빙판길 안전사고로 크게 다치거나 생명에 위협이 생기는 일이 잦다.

한파특보 시 행동요령

한파가 기승을 부릴 때 잦은 사고가 계량기 동파사고이다. 경기도 재난안전본부에 따르면 2016년 1월 24~25일 양일간 성남시 등

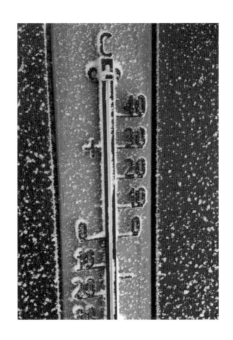

도내 17개 시·군에서 374건의 계량기 동파 신고가 접수됐다. 지역별로는 남양주시에서 계량기 52개소가 파손돼 피해가 가장 많았고, 성남시 41개소, 부천시 30개소, 시흥시 28개소, 안양시 25개소 등 순으로 계량기 동파 피해가 발생했다.

우리나라에서 한파특보는 다음과 같은 기준으로 발표한다. 10~4월 중 아침 최저기온이 전날보다 10℃ 이상 하강하여 3℃ 이하이고 평년 값보다 3℃가 낮을 것으로 예상될 때, 아침 최저기온이 -12℃ 이하가 이틀 이상 지속될 것으로 예상될 때, 급격한 저온현상으로 중대한 피해가 예상될 때 한파주의보를 발표한다. 한파경

보는 10~4월 중 아침 최저기온이 전날보다 15℃ 이상 하강하여 3℃ 이하이고 평년 값보다 3℃가 낮을 것으로 예상되거나, 아침 최저기온이 -15℃ 이하가 이틀 이상 지속될 것이 예상될 때, 급격한 저온현상으로 광범위한 지역에서 중대한 피해가 예상될 때 발표한다.

- 갑작스런 기온 강하 시 심장과 혈관 계통, 호흡기 계통, 신경 계통 병과 피부병 등은 급격히 악화할 우려가 있으므로 유아, 노인 또는 병자가 있는 가정에서는 난방에 유의해야 한다.
- 혈압이 높거나 심장이 약한 사람은 노출 부위의 보온에 유의하고 특히 머리 부분의 보온에 신경을 써야 한다.
- 외출 후 손발을 씻고 과도한 음주나 무리한 일로 피로가 누적되지 않도록 해야 하고 당뇨환자, 만성폐질환자 등은 반드시 독감 예방접종을 해야 한다.
- 고혈압 등 만성병 환자는 오전보다는 오후에 실내에서 운동하는 것이 좋다.
- 장기간 외출 시에는 수도꼭지에 온수를 한 방울씩 흐르게 해 동파를 방지해야 한다.
- 수도계량기 보호함 내부는 헌옷으로 채우고, 외부는 테이프로 밀폐해 찬 공기가 스며들지 않도록 보온을 한다.
- 복도식 아파트는 수도계량기 동파가 많이 발생하므로 수도계

량기 보온에 유의해야 한다.

- 수도관이 얼었을 때는 헤어드라이어 등 온열기를 이용하여 녹이거나, 미지근한 물로 녹여야 한다.

대설특보 시 행동요령

2004년 중부지방 폭설은 100년 기상 관측 이래 최대의 폭설로 당시 서울 시내 모든 도로가 사실상 전면 마비되는 사태가 벌어졌던 기록적인 재난이다. 당시 폭설로 인한 피해는 재산피해 6,734억 원이 발생하였다. 지역별로는 충남 3,526억 원, 충북 1,918억 원, 대전 670억 원, 경북 등 617억 원의 재산피해가 났다. 이재민은 25,145명(주 생계수단 상실로 인한 이재민 포함)이 생겼으며, 충남 13,196명, 충북 9,653명, 경북 1,761명, 대전 등 535명의 이재민이 발생했다.

우리나라에서 대설특보는 다음과 같은 기준으로 발표한다. 24시간 신적설이 5cm 이상 예상될 때는 대설주의보를 발표한다. 24시간 신적설이 20cm 이상 단, 산간의 경우는 30cm 이상 예상될 때는 대설경보를 발표한다.

- 자가용 차량 이용을 자제하고 지하철, 버스 등 대중교통을 이용한다.

- 고속도로 진입을 자제하고 국도를 이용한다.
- 눈 피해 대비용 안전장구인 체인, 모래주머니, 삽 등을 차에 휴대한다.
- 커브길, 고갯길, 고가도로, 교량, 결빙구간 등에서는 서행 운전한다.
- 라디오, TV 등을 항상 청취하여 교통상황을 수시로 파악하고 운행한다.
- 간선도로변의 주차는 제설작업에 지장을 주니 삼간다.
- 지하철 공사구간의 복공판 통행 시에는 바닥이 미끄러우므로 서행 운전한다.
- 차간 안전거리를 확보하며 브레이크 사용을 자제한다.
- 브레이크 사용 시에는 엔진브레이크를 사용한다.
- 눈길에서는 제동거리가 길어지기 때문에 교차로나 횡단보도 앞에서는 감속 운전한다.
- 외출 시에는 미끄러지지 않도록 바닥면이 넓은 운동화나 등산화를 착용한다.
- 미끄러운 눈길을 걸을 때에는 주머니에 손을 넣지 말고 보온장갑을 착용한다.
- 걸어가는 중에는 휴대전화 통화를 삼간다.
- 횡단보도를 건널 때에는 차량이 멈추었는지 확인하고 차도에 진입한다.

- 계단을 오르내릴 때에는 난간을 잡고 다니는 것이 안전하다.
- 야간 보행은 매우 위험하므로 조속히 귀가한다.
- 차도로 나와서 차량에 승차하여 타 차량의 주행을 방해하지 않는다.

빙판길 안전사고 예방

겨울철에는 빙판길이 가장 위험하다. 폭설이 내리고 나면 눈이 녹다가 낮은 기온으로 인해 얼어버린다. 이런 빙판길에 넘어지는 낙상사고가 많이 일어난다. 겨울철인 11월에서 2월까지 일어나는 낙상사고는 다른 달의 세 배이고 여자에게서 일어나는 경우가 남자보다 두 배 더 많다. 노인의 경우, 낙상사고가 일어나면 10%가 입원치료를 하고 낙상 후 2년 내 사망률이 일반인보다 두 배 높다. 노인들은 운동신경이 점점 무뎌지고 순발력도 떨어진다. 또한 겨울철에는 옷을 많이 껴입기 때문에 몸의 움직임이 더욱 자유롭지 못하다. 이러한 상황에서 노인들의 미끄럼으로 인한 낙상의 위험은 커질 수밖에 없다. 연간 65세 이상 노인의 30%가 넘어져서 다치고 이중 0.5%는 사망에 이른다.

빙판길 안전사고 예방 행동요령
- 보폭을 평소보다 10~20% 줄인다.

- 굽이 낮고 미끄럼방지가 되어있는 밀착 신발을 신는다.

- 주머니에 손을 넣지 않는다.

- 가능한 손에 물건을 들고 다니지 않는다.

- 응달진 곳을 피해서 걷는다.

- 급격한 회전을 하지 않는다.

- 움직임을 둔하게 하는 무겁고 두꺼운 외투는 피한다.

- 어두워지기 시작하는 해질 무렵을 조심한다.

- 넘어지려고 하면 무릎으로 주저앉으면서 옆으로 구른다.

노인 낙상사고 예방 행동요령

- 앉고 일어설 때 천천히 움직인다. 특히 고혈압이나 심혈관 질환이 있는 경우 갑자기 빨리 움직이는 것은 어지럼증을 유발할 수 있다.

- 노인은 무거운 물건이나 큰 물건을 들지 않는다. 균형을 잡기 힘들어지기 때문이다.

- 시력과 청력을 정기적으로 검사하고 적절하게 교정한다.

- 어지러움, 두통을 일으킬 수 있는 안정제나 근육이완제, 고혈압 약물 등에 의해 낙상이 더 잘 일어날 수 있으므로 복용하고 있는 약물 중 그런 약물이 있는 경우 주의한다.

- 평형장애가 있는 사람은 아주 적은 양의 알코올에도 많은 장애를 받을 수 있으므로 술을 절제한다.

몸보다 마음이 아픈 독거 어르신

모든 사람이 아파트나 주택에 살지는 않는다. 어떤 사람은 비닐하우스에서 살기도 한다. 소방서에서는 이런 비닐하우스를 주거용 비닐하우스라고 부른다. 주거용 비닐하우스는 원래 주로 대도시 주변에 농작물을 재배하거나 화훼를 하기 위해 만들어진 것이다. 그러다 비닐하우스 관리를 위해 일부를 임시주거용으로 사용하기 시작했고, 지금은 농작물 관리보다 주거가 목적인 사람들이 비닐하우스에서 사는 경우가 많아졌다. 주거용 비닐하우스에는 대부분 독거 어르신들이 산다. 주거용 비닐하우스는 화재에 취약하다. 한 번 불이 붙으면 순식간에 옆으로 번지고 급기야 비닐하우스 전체를 삼켜버린다. 이때 발생하는 연기와 화염은 주거용 비닐하우스에 거주하는 사람에게 치명적이다. 이러한 위험성으로 인해 소방서에서 매년 중점적으로 관리한다. 관내 주거용 비닐하우스 대상을 찾아가 현황을 파악하고 거주하는 주민에게 화재예방을 당부한다. 또 단독경보형감지기를 설치하고 소화기를 기증하면서 사용법을 알려드린다. 이렇게 파악된 관내 주거용 비닐하우스에 대한 정보는 소방관들과 공유되고 업데이트된다. 이런 노력을 통해 주거용 비닐하우스에서 화재가 발생하면 정확한 정보에 의해 빠르고 효과적으로 화재를 진압할 수 있다.

올해도 어김없이 주거용 비닐하우스를 일일이 돌아보았다. 마지막으로 찾아간 곳에는 할아버지 한 분이 사셨다. 할아버지 비닐하우스로 가는 길은 소방차 한 대가 겨우 지나갈 정도로 진입로가 협소하고 울퉁불퉁했다. 그렇게 비포장도로를 한참 들어간 곳에 할아버지가 살고 계셨다. 입구에 들어서자 고양이 한 마리가 우리를 바라보고 있었다. 할아버지는 고양이에게 밥을 주고 계셨다.

"안녕하세요?"라고 인사를 하자 환한 웃음을 지어 보이셨다.

"무슨 일이여?"라고 말씀하신다.

"아~ 네! 소방서에 왔어요! 잘 지내시죠?"

"구급차는 많이 왔지, 내가 아파서! 지금도 많이 아파!"

할아버지는 만성간경화와 만성장염으로 몇 년째 고생하고 계셨다. 제대로 된 치료는 엄두도 못 내고, 가끔 심한 통증이 몰려오면 119신고를 했고 구급대원의 도움으로 병원 응급실에서 치료를 종종 받으셨다. 그래서 구급차가 많이 왔다고 말씀하신 것이다. 비닐하우스 안으로 들어가 보았으나 밖과 같이 썰렁한 한기가 느껴졌다. 지난겨울을 전기장판 하나에 의지해서 견디셨다고 한다.

"할아버지 가족은요?"라고 묻자 환하게 웃던 얼굴은 이내 굳어지셨다. 그리 말하고 싶지 않은 사연이 있으실 텐데, 괜히 물어봤다는 생각이 들었다. 할아버지는 가족과 연락이 끊긴지 오래되었다고 한다. 그래서 가끔 들르는 사회복지 담당자들의 방문이 반갑다고 하신다. 가슴이 무척 아팠다. 노년에 혼자 사는 할아버지의 뒷모습에서 쓸쓸함과 고독을 보았다. 우리 사회의 또 다른 자화상을 본다. 안타까움을 뒤로하면서 불조심을 당부했다.

소방서에서 출동을 나가면 홀로 사는 독거 어르신들이 많다. 그분들은 한여름 바람도 잘 통하지 않는 지하 단칸방에서 사는 경우가 대부분이다. 가족이 없어 홀로 사는 분들도 있고 가족이 있으나 제대로 돌봄을 받지 못하는 분들도 있다. 119에 아프다고 신고해서 가보면 정작 몸이 아픈 분들이 아니고 마음이 아픈 분들이다. 지난 인생에서 묻어나는 아픔을 고스란히 담고 있는 얼굴들…. 독거 어르신들은 소방관을 보면 정말 반가워한다. 자신의 말을 들어주고 건강을 걱정해주기 때문이다. 현장에 출동한 소방관들도 어르신들이 별일 없이 건강하게 사시는 모습을 보면서 보람을 느낀다. 우리 주위에 따스한 돌봄이 필요한 분들이 있다. 누군가의 말을 들어줄 수 있는 작지만 따뜻한 마음이 필요하다. 주위에 관심과 돌봄이 필요한 동료나 이웃은 없는가? 한번 돌아보는 시간이 되었으면 한다.

나를 살리는 사람은 천사가 아니라 평범한 이웃이다

누군가 다치는 상황을 보게 된다면 당신은 어떻게 할 것인가? 물론 내 잘못도 아니고 나와 상관있는 사람도 아니다. 길을 가다 옆 사람이 갑작스럽게 사고를 당하는 모습을 본다면, 버스나 차를 타고 지나다가 멀리서 교통사고가 난다면, 어떻게 할지 생각해본 적이 있는가?

명확한 정답은 없다. 하지만 최선의 답은 있다. 바로 그 사람을 돕는 것이다. 가장 먼저 119에 신고를 하는 것이 최선이다. 소방관은 언제나 사고의 현장으로 달려가고 생명을 구조할 것이다. '내 일도 아닌데… 바쁜데… 누가 도와주겠지'라고 생각하며 신고조차 하지 않는 어리석음을 범하지 않기를 바란다.

2011년 중국 광둥성에서 두 살 배기 여아가 9인승 승합차에 부딪쳐 쓰려졌다. 그러나 지나가던 차량들은 쓰러진 아이를 무참히 짓밟고 지나갔다. 게다가 아이가 피를 흘리고 쓰러진지 5분여 동안 시민 열다섯 명이 아이의 주변을 지나갔음에도 어떠한 조치를 취한 사람은 아무도 없었다. 사회학자들은 이러한 현상을 '사회적 무관심' 또는 '사회적 방치'라고 한다. 나와 직접적인 관련이 없다는 생각으로 타인에 대해 무관심하게 되는 현상이다. 나의 이익에 도움이 되지 않고, 오히려 끼어들면 골치 아픈 일만 생기니 내버려 두는 것이다.

물론 당신은 지금 출근하는 길이거나 중요한 계약을 하러가는 길일 수도 있고, 다른 급한 일로 바쁠 수도 있다. 그럴 때 신고를 하면 정말 귀찮아질 수도 있다. 출동하는 소방관의 전화를 다시 받아서 사고장소를 구체적으로 말해줘야 하는 경우도 있고, 나중에 목격자가 되어 경찰로부터 참고인 진술을 요청받을 수도 있다. 내가 건 신고전화 한 통으로 내 일도 아닌데 여기저기에서 전화를 받게 된다면 분명히 성가실 것이다. 그래서 괜히 남의 일에 끼어들지 말자는 생각이 들 수도 있다. 참으로 안타까운 일이다. 내게 당장 이익이 되지 않는다 할지라도, 나와 직접적인 관련이 없는 사람이라 할지라도 그들은 도움과 관심이 꼭 필요한 '나의 이웃들'이기 때문이다. 또한 언젠가 내가 도움이 필요한 바로 그 '이웃들'이 될 수도 있기 때문이다.

우리 주위에는 용기 있는 멋진 사람들이 많다. 불길에서 사람을 구한 소방관뿐만 아니라 바다에서 사람을 구조한 인명구조사도 있다. 다리 난간에서 자살하려고 하는 사람을 구조한 지나가던 시민도 있다. 인간의 생명은 너무나 소중하다는 사실에 공감하는 사람들, 그 죽어가는 생명을 모른 체하지 않고 살리는 사람들……. 그들이야말로 이 시대의 영웅이다. 위대한 영웅은 특별한 사람이 아니라 알고 보면 우리와 같은 평범한 사람들이다. 옆집 아저씨, 아줌마, 형님, 동생처럼 아주 가까이에 있는 이웃들이다. 때로는 이들처럼 도움을 주고 싶지만 용기가 없어서 선뜻 손을 내밀지 못하는 경우도 있을 것이다.

여기, 불의의 사고로 양팔이 없어도 즐겁게 탁구를 치는 사람을 보자. 그는 삶을 포기할 수도 있었지만 자신의 처지를 비관하지 않고 삶을 긍정적으로 바라보고 용기와 힘을 내어 스스로 일어섰다. 그가 가진 힘은 무엇일까? 처음에는 절망이었지만 그 절망을 딛고 일어설 수 있었던 힘, 바로 회복탄력성이다. 이 힘은 당신에게도 있다. 집안 어딘가에 고이 모셔두고 찾지 못한 물건처럼 당신 마음속에 숨어 있을 뿐이다. 어려운 난관에서도 다시 일어날 수 있는 그 힘을 찾고 사람들과 나누길 바란다. 위급한 상황에 처한 사람을 보면 나도 모르게 뛰어가 구할 수 있는 힘도 바로 거기서 나오기 때문이다.

누군가를 돕고 살린 '선한 사마리아인'은 하늘에서 내려온 천사가 아닌 아주 평범한 이웃이었다. 우리도 선한 사마리아인이 될 수 있다. 많은 사람들이 절망을 희망으로 바꾸는 그 힘을 찾아, 부디 이웃에게 뜨거운 손길을 내밀기를 기도한다.

생활안전 · 응급처치 참고 동영상 & 누리집

- 소방청 http://www.mpss.go.kr
- 화재 발생 사례 동영상 https://www.youtube.com/watch?v=-0fuj_satjs
- 화재 발생 시 대피요령 https://www.youtube.com/watch?v=017PFJYl1gk
- 영화관 대피로 관련 동영상 https://www.youtube.com/watch?v=27mfCCBWc00
- 한국소방방송 http://119fbn.fire.go.kr
- 분말 소화기 사용법 동영상 https://www.youtube.com/watch?v=xN2UJy_HvTw
- 투척식 소화기 사용법 동영상 https://www.youtube.com/watch?v=2tek75BBY2Q
- 소화전 사용법 동영상 https://www.youtube.com/watch?v=pCctMoSkvOc
- 대한심폐소생협회 www.kacpr.org
- 기도폐쇄 동영상 https://www.youtube.com/watch?v=l70r0BeKl6w
- 성인 기도폐쇄 응급처치 동영상
  http://www.youtube.com/watch?v=k_nmGZbmII4&index=6&list=PL8Jd7cRx_
  gxnA2aZH2thDFLIExq283WPi
- 영유아 기도폐쇄 응급처치 동영상
  http://www.youtube.com/watch?v=R1prrAV1Yi4&index=7&list=PL8Jd7cRx_
  gxnA2aZH2thDFLIExq283WPi
- 성인 하임리히법 동영상
  http://www.youtube.com/watch?v=-pcXuCIqS3s&index=3&list=PL8Jd7cRx_
  gxnA2aZH2thDFLIExq283WPi
- 심폐소생술 방법 동영상
  http://www.youtube.com/watch?v=PoDQCG2CMxU&list=PL8Jd7cRx_
  gxnWpi0OBlfy9FtCawv41Gui&index=1
- 자동제세동기(AED) 사용법 동영상 http://www.youtube.com/watch?v=juxvrcN6fl8
- 선한 사마리아인 법 http://www.youtube.com/watch?v=pk8K-egyK2M
- 전기사고 동영상 http://blog.naver.com/alcmfnrl/220079676679
- 실험실 안전사고 동영상 https://www.youtube.com/watch?v=6Euuw5E2ZfE
- 실험실 안전수칙 동영상 https://www.youtube.com/watch?v=_dyDpX-mJOo
- 부탄캔 폭발사고 예방 캠페인 동영상 https://www.youtube.com/watch?v=Rl6dQdtl064
- 폭발사고에 관한 동영상 https://www.youtube.com/watch?v=FJyXCzYFeqg
- 성수대교 붕괴사고 https://www.youtube.com/watch?v=Qgr6cJBtQOw
- 삼풍백화점 붕괴사고 https://www.youtube.com/watch?v=MXVJ8NM7NtY
- 판교공연장 붕괴사고 https://www.youtube.com/watch?v=GvU936bMd20
- 도로 붕괴사고 https://www.youtube.com/watch?v=PNv9aYT0KEs

- 해빙기 지반 붕괴사고 https://www.youtube.com/watch?v=CDEUMgFXtMk
- 붕괴사고 예방법 동영상 https://www.youtube.com/watch?v=SMdeUgt6UP0
- 승강기정보센터 http://www.elevator.go.kr
- 승강기 갇힘 동영상
  https://www.youtube.com/watch?feature=player_embedded&v=LduHMgbVKCk
- 승강기 안전이용법 https://www.youtube.com/watch?v=1nrIcVFT4YI&feature=player_embedded
- 방사능 사고 동영상 https://www.youtube.com/watch?v=m-mBr6-YFJs
- 방사능 노출 피해 줄이기 행동요령 http://www.ktv.go.kr/ktv_contents.jsp?cid=505196
- 지진 시 행동요령 https://www.youtube.com/watch?v=-yPeNx-9ogM
- 낙뢰 시 대처요령 https://www.youtube.com/watch?v=Vf0f5t0Hi8w
- 낙뢰 시 국민행동요령 http://tvpot.daum.net/v/9lJKsywxBx4%24
- 구명부환 사용법, 구명조끼 입는 방법 https://www.youtube.com/watch?v=ho3aKZpKSL4
- 여름철 물놀이 사고 동영상
  https://www.youtube.com/watch?v=dDot4zFsJaU&spfreload=10
- 생존수영법 잎새뜨기법 동영상 https://www.youtube.com/watch?v=ccL5Y0WBHIw
- 물놀이 사고 행동요령 동영상
  http://www.youtube.com/watch?v=9WZSGy70B1E&index=2&list=PL8Jd7cRx_
  gxlfi_f0vR3k_etmOB1_BWYJ
- 일사병 환자 응급처치 방법 동영상 https://www.youtube.com/watch?v=EkxkT80_xnY
- 산악사고 예방 및 행동요령 https://www.youtube.com/watch?v=9Il3s-yEdwg
- 안전산행 캠페인, 산악사고 예방과 대처법 https://www.youtube.com/watch?v=-YITW2pJXyY
- 뱀에 물렸을 때 응급처치 동영상 http://www.youtube.com/watch?v=Olrk0I26lSA
- 캠핑 에티켓 관련 동영상 https://www.youtube.com/watch?v=QlMjZkhpAWs
- 겨울철 텐트 속 난로 위험 동영상
  https://www.youtube.com/watch?v=_twCyyk-MOk
- 겨울철 캠핑 가스 폭발 주의에 관한 동영상
  http://www.youtube.com/watch?v=myqY2fY1O2A&index=2&list=PL8Jd7cRx_
  gxkghUmGpfmLSSV_cXayul3F
- 겨울철 캠핑 시 유의해야 할 안전수칙 동영상 https://www.youtube.com/watch?v=T6SPEw9x23Q
- 대설 피해 예방 행동요령 https://www.youtube.com/watch?v=yv-pDtu3Av0
- 대설 시 행동요령 https://www.youtube.com/watch?v=_l7bVxsaD7g
- 폭설에 의한 건물 붕괴사고 https://www.youtube.com/watch?v=YTZXRSlNKZE
- 한파 피해 동영상
  http://news.naver.com/main/read.nhn?mode=LPOD&mid=tvh&oid=214&aid=0000440436
- 《골든타임 1초의 기적》 동영상(네이버 블로그 〈소방관을 살리는 소방관〉)
  https://blog.naver.com/varadori/221181383538

참고 문헌

강병우, 고재문 외 3명, 《응급구조사 기초의학》, 군자출판사, 2014.

경기도재난안전본부, 《구급활동 안전사고 사례집》, 2015.

경기도재난안전본부, 《119 소방대원구하기》, 2007.

공하성 외 3명, 《요약정리가 잘 되어 있는 생활안전과 응급처치》, 예스미디어, 2016.

김동원, 《그림으로 배우는 응급처치》, 21세기사, 2005.

김창현, 《생활안전교육 및 지도법》, 동문사, 2014.

댄 윌리스, 《구조대의 SOS》, 불광출판사, 2016.

박상규, 전태준 외 3명, 《응급처치》, 라이프사이언스, 2014.

서길준, 이희택 외 1명, 《구조 및 응급처치》, 의학서원, 2016.

서울특별시, 《생활안전 길라잡이 3》, 휴먼컬처아리랑, 2016.

서울특별시, 《생활안전 길라잡이 4》, 휴먼컬처아리랑, 2016.

아리샘 편집부, 《지진 안전 정복》, 아리샘, 2011.

야마다 마코토, 《응급처치》, 비룡소, 2002.

야마모토 야스히로, 《구급 재해 핸드북》, 당그래, 2014.

이건, 《미국소방 연구보고서》, 해드림출판사, 2014.

이수맹, 《알기 쉬운 맹 따주기 1초 응급처치》, 중앙생활사, 2011.

이재은, 《재난관리론》, 대영문화사, 2006.

정병도, 《재난관리론》, 동화기술, 2015.

파피루스, 《응급처치》, 예림당, 2007.

프랭크 맥클러스키, 《소방관이 된 철학교수》, 북섬, 2007.

하가 시게루, 《안전 의식 혁명》, 한언, 2014.

에듀코믹 글, 차현진 그림, 《위기탈출 넘버원 세트 전20권》, 밝은미래, 2011.

코믹컴 글, 문정후 그림, 《지진에서 살아남기》, 아이세움, 2004.

경기도청 홈페이지 www.gg.go.kr

경기도소방학교 홈페이지 www.fire.sc.kr

교통안전공단 홈페이지 www.ts2020.kr

국민건강보험공단 홈페이지 www.nhis.or.kr

국민재난안전포털 홈페이지 www.safekorea.go.kr

국토교통부 홈페이지 www.molit.go.kr

기상청 홈페이지 www.kma.go.kr

대한적십자사 홈페이지 www.redcross.or.kr

도로교통공단 홈페이지 www.koroad.or.kr

보건복지부 홈페이지 www.mohw.go.kr

법제처 국가법령정보센터 홈페이지 www.law.go.kr

사이버경찰청 홈페이지 www.police.go.kr

산림청 홈페이지 www.forest.go.kr

서울메트로 홈페이지 www.seoulmetro.co.kr

서울소방재난본부 홈페이지 fire.seoul.go.kr

서울소방학교 홈페이지 fire.seoul.go.kr/school/main/main.do

생명의 전화 홈페이지 www.lifeline.or.kr

소방청 국가화재정보센터 홈페이지 www.nfds.go.kr

소방청 홈페이지 www.mpss.go.kr

제주특별자치시 홈페이지 www.jejusi.go.kr

중앙소방학교 홈페이지 www.nfsa.go.kr

한국미아방지협회 홈페이지 www.miastop.com

한국소방안전협회 홈페이지 www.kfsa.or.kr

한국소비자원 홈페이지 www.kca.go.kr

한국소비자원 어린이안전넷 홈페이지 www.isafe.go.kr

한국어린이안전재단 홈페이지 www.childsafe.or.kr

한국자살예방협회 홈페이지 www.suicideprevention.or.kr

한국전기안전공사 홈페이지 www.kesco.or.kr

한국전력공사 홈페이지 home.kepco.co.kr

한국화재보험협회 홈페이지 www.kfpa.or.kr

중 앙 생 활 사 Joongang Life Publishing Co.

중앙경제평론사 | 중앙에듀북스   Joongang Economy Publishing Co./Joongang Edubooks Publishing Co.

중앙생활사는 건강한 생활, 행복한 삶을 일군다는 신념 아래 설립된 건강 · 실용서 전문 출판사로서
치열한 생존경쟁에 심신이 지친 현대인에게 건강과 생활의 지혜를 주는 책을 발간하고 있습니다.

골든타임 1초의 기적 〈최신 개정판〉

초판 1쇄 발행 | 2017년 3월 15일
개정초판 1쇄 발행 | 2018년 3월 20일
개정초판 2쇄 발행 | 2023년 6월 15일

지은이 | 박승균(SeungKyun Park)
펴낸이 | 최점옥(JeomOg Choi)
펴낸곳 | 중앙생활사(Joongang Life Publishing Co.)

대　표 | 김용주
책임편집 | 이승미
본문디자인 | 김은정

출력 | 삼신문화 종이 | 한솔PNS 인쇄 | 삼신문화 제본 | 은정제책사

잘못된 책은 구입한 서점에서 교환해드립니다.
가격은 표지 뒷면에 있습니다.

ISBN 978-89-6141-199-8(03590)

등록 | 1999년 1월 16일 제2-2730호
주소 | ⟨우⟩ 04590 서울시 중구 다산로20길 5(신당4동 340-128) 중앙빌딩
전화 | (02)2253-4463(代) 팩스 | (02)2253-7988
홈페이지 | www.japub.co.kr 블로그 | http://blog.naver.com/japub
네이버 스마트스토어 | https://smartstore.naver.com/jaub 이메일 | japub@naver.com
♣ 중앙생활사는 중앙경제평론사 · 중앙에듀북스와 자매회사입니다.

도서 주문	www.**japub**.co.kr
	전화주문 : 02) 2253 - 4463

https://smartstore.naver.com/jaub
네이버 스마트스토어

※ 이 도서의 국립중앙도서관 출판시도서목록(CIP)은 서지정보유통지원시스템 홈페이지(http://seoji.nl.go.kr)와
국가자료공동목록시스템(http://www.nl.go.kr/kolisnet)에서 이용하실 수 있습니다(CIP제어번호: CIP2017004628).

중앙생활사/중앙경제평론사/중앙에듀북스에서는 여러분의 소중한 원고를 기다리고 있습니다. 원고 투고는 이메일을
이용해주세요. 최선을 다해 독자들에게 사랑받는 양서로 만들어드리겠습니다. **이메일** | japub@naver.com